우리 가족
식객 요리

우리 가족
식객 요리

허영만과 식객 요리팀 지음

김영사

"뒤끝 없고 깔끔하고 얼얼한 이 맛!"
"쫄깃쫄깃, 오들오들, 혀에 감기다가 그윽하게 입안에 퍼져 오는 맛!"
"한 번 죽는 것과 맞바꾸는 진미!"

절대로 다시 돌아올 수 없는 그 중요한 순간을 위하여.

최초의 맛에 대한 기억은 어머니가 만들어 주신 음식에서 시작합니다.

거친 물살을 헤치고 기어이 태생지로 돌아가는 연어처럼

우리는 어머니의 음식을 찾아, 최초의 맛을 찾아 헤맵니다.

어쩔 수 없이, 맛은 추억이고 그리움이지요.

맛을 느끼는 것은 혀끝이 아니라 가슴입니다.

그러므로 세상에서 가장 맛있는 음식은

이 세상 모든 어머니의 숫자와 동일합니다.

차
례

Part 3

허기질 때 생각나는 든든한 한 접시

구이, 조림, 볶음, 찜

이 책은 이렇게 보세요

풋마늘 200g, 소고기(등심) 200g
요리에 필요한 재료와 양념이에요.

Essential Tip
재료 준비나 요리 중에 도움이 되는
알짜배기 Tip이 정리되어 있어요.

입맛을 돋워 주고 영양이 풍부한

풋마늘산적지짐

풋마늘은 봄에 잠깐 나오는 덕분으로 입맛을 돋워 준다.
소고기장에 무치기도 하고 김치를 담가 먹 넣기도 하며, 볶음 음식으로도 만든다.
마늘과 마찬가지로 매운맛을 내는 알리신과 효소류, 비타민 C가 많이 함유되어 있다.
항암, 항산화, 피로 회복, 식욕 증진, 위장기능 강화 효과가 있는 것으로 알려져 있다.

재료

풋마늘 200g, 소고기(등심) 200g, 찹쌀가루 · 올리브유
3큰술씩, 소금 약간
소고기 양념 진간장 2큰술, 설탕 1큰술, 다진 마늘 · 깨소
금 1작은술씩, 참기름 2작은술, 후춧가루 약간
초간장 진간장 1큰술, 식초 · 물 2작은술씩, 잣가루 약간

Essential Tip

1. 풋마늘은 중간 정도 굵기의 것으로 잎이 길지 않
고 굵지한 것이 좋아요. 대가 너무 굵으면 속에
심이 있을 수 있으므로 차라리 가는 것이 좋아요.
2. 지짐은 밀가루에 달걀을 씌워 부치기도 하고 밀
가루로만 지지기도 해요. 팬에 바로 지지는 경우
도 있고, 냄동에 살짝 데쳐 해서 하루 동안 말린 후 먹
을 때 지지기도 해요.

30min 318kcal 4인분

1_ 풋마늘은 껍질을 벗기고 깨끗이 다듬어 씻는다.
2_ 손질한 풋마늘은 4cm 길이로 잘라 잎 쪽은 군데군데 칼집을 넣고 뿌리 쪽은 칼등으로 두드려 부드럽게 만든다.
3_ 손질한 풋마늘에 소금을 약간 뿌려 숨을 죽인다.
4_ 소고기는 0.5cm 두께로 포를 뜬 후 칼끝으로 사이사이 칼집을 넣는다.
5_ 손질한 소고기는 만들어 둔 양념에 무쳐 잰 후 길이 5×1cm로 자른다.
6_ 부드러워진 풋마늘과 양념한 소고기를 꼬치에 번갈아가면서 끝까지 끼운다.
7_ 촉촉한 찹쌀가루를 넓은 접시에 펼쳐 담고 산적을 놓아 찹쌀가루를 고루 묻힌다.
8_ 달군 팬에 올리브유를 넉넉히 두른 후 산적을 넣어 앞뒤로 노릇노릇하게 굽는다. 초간장을 곁들여 낸다.

요리의 영양성분과 효능에 대해
설명하고 있어요.

요리에 큰 도움을 주는 실제 조리 사진이에요.
사진을 보고 차근차근 따라해 보세요.

30min
조리 시간

318kcal
이 요리를 1인분 기준으로
했을 때의 열량이에요.

4인분
이 재료로 만들 수 있는
요리의 분량이에요.

요리 실력을 쑥쑥 높여 주는

기본 가이드

신선하게 즐기는 제철 재료

고구마는 언제 먹어야 제일 맛있을까? 게는 언제 구입해야 살이 많을까?
제철에 먹어야 영양소가 풍부하고 더욱 맛있는 식재료들.
자연이 허락한 식재료들의 베스트 시즌을 알아보자.

분류	재료	1월	2월	3월	4월	5월	6월	7월	8월	9월	10월	11월	12월
채소	연근	●										●	●
	우엉	●	●	●									
	고구마								●	●	●		
	늙은 호박	●									●	●	●
	무	●									●	●	●
	상추				●	●							
	마늘				●	●	●						
	더덕				●	●							
	부추					●	●	●					
	오이						●	●	●				
	애호박						●	●					
	옥수수						●	●	●				
	열무						●	●	●				
	토마토						●	●	●				
	풋고추						●	●	●				
	감자						●	●	●				
	가지							●	●				
	느타리버섯									●	●		
	당근									●	●	●	
	송이버섯									●	●		
	배추											●	●
해산물	굴	●	●	●									
	해삼	●	●	●									
	문어	●	●										
	대구	●	●	●									
	옥돔	●	●										
	게	●	●	●									
	꼬막												●

		1월	2월	3월	4월	5월	6월	7월	8월	9월	10월	11월	12월
	방어	●	●									●	●
	바지락		●	●	●								
	병어			●	●	●							
	대게	●	●	●	●	●						●	●
	멸치			●	●	●	●	●	●	●	●	●	
	오징어							●	●	●			
	장어						●	●					
	해파리								●	●			
	꽁치									●	●	●	
	연어									●	●		
	갈치									●	●	●	
과 일 및 견 과 류	귤	●	●									●	●
	레몬	●	●										
	사과	●	●	●						●	●	●	●
	배	●	●							●	●	●	●
	딸기				●	●							
	매실					●	●						
	참외						●	●					
	수박							●	●				
	복숭아							●	●				
	멜론							●	●				
	포도							●	●				
	밤									●	●	●	●
	대추									●	●	●	●
	모과									●	●	●	
	호두									●	●	●	
	감										●	●	
	유자										●	●	

알고 먹으면 더 좋은 여러 식재료들.
어떤 재료를 골라야 하고 어떻게 조리해서 먹어야 좋을까?
우리 집 식탁에 자주 오르는 주요 재료들의 영양성분과 건강에 미치는 영향을 살펴보자.

더덕

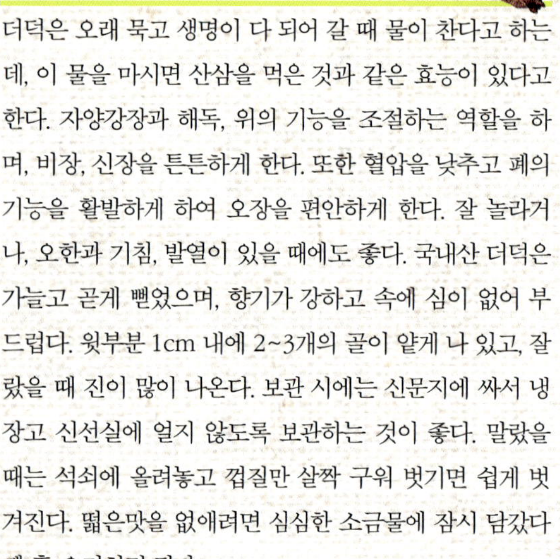

더덕은 오래 묵고 생명이 다 되어 갈 때 물이 찬다고 하는데, 이 물을 마시면 산삼을 먹은 것과 같은 효능이 있다고 한다. 자양강장과 해독, 위의 기능을 조절하는 역할을 하며, 비장, 신장을 튼튼하게 한다. 또한 혈압을 낮추고 폐의 기능을 활발하게 하여 오장을 편안하게 한다. 잘 놀라거나, 오한과 기침, 발열이 있을 때에도 좋다. 국내산 더덕은 가늘고 곧게 뻗었으며, 향기가 강하고 속에 심이 없어 부드럽다. 윗부분 1cm 내에 2~3개의 골이 얕게 나 있고, 잘랐을 때 진이 많이 나온다. 보관 시에는 신문지에 싸서 냉장고 신선실에 얼지 않도록 보관하는 것이 좋다. 말랐을 때는 석쇠에 올려놓고 껍질만 살짝 구워 벗기면 쉽게 벗겨진다. 떫은맛을 없애려면 심심한 소금물에 잠시 담갔다 뺀 후 요리하면 된다.

멸치

멸치는 단백질, 지질의 양이 많고 필수 아미노산이 풍부하다. 또한 비타민 A, D, E와 타우린, 불포화지방산이 풍부하여 체내 순환계통의 성인병 예방에 좋다. 칼슘, 인, 철분 등과 같은 무기질이 풍부하여 유아의 뼈 형성 및 여성의 골다공증에 효과적이다. 멸치의 가장 기본적인 조리 방법은 국물 우리기이다. 비린내를 줄이기 위해서는 살짝 볶은 뒤 찬물에 넣어 끓이는데, 찬물에 너무 오랫동안 담가 놓으면 비린내가 강해진다. 보통 15분 정도 끓이면 구수한 국물이 우러나온다. 국물을 낼 때는 내장을 완전히 제거해야 쓴 맛이 나지 않는다. 마른 멸치를 고를 때 붉고 검은빛이 나는 것은 지방이 산화된 것이므로 뽀얀 빛을 내는 것을 고른다. 국물용 멸치는 맑은 은빛과 광택이 나는 것이 좋으며, 상처가 있거나 배가 터진 것은 피한다.

미역

알칼리성 식품으로, 칼로리는 낮고 무기질이 풍부하여 비만과 고혈압 등의 성인병 예방 식품으로 알려져 있다. '바다의 채소'라 불릴 정도로 비타민 A, B, C, D, E, 니아신이 풍부하다. 또한 칼슘, 인, 유황, 요오드, 칼륨, 아연, 식이섬유 등이 풍부하여 산후 칼슘 보강, 자궁 수축과 지혈, 모유 수유, 몸의 붓기를 가라앉히는 데 효과가 좋다. 미역귀에는 암세포 및 바이러스 증식 억제 성분이 들어 있으며, 노화 억제, 체내의 중금속 배출에도 탁월하다. 좋은 미역을 고르려면 생미역은 고르게 퍼진 검푸른 빛에 윤기가 나는 두꺼운 것이 좋고, 마른 미역은 흑록색, 또는 흑갈색에 잎이 부드러워 보이는 것이 좋다. 마른 미역은 물에 젖으면 보통 14배 정도 불어나므로 조리 시 주의가 필요하다. 너무 오래 물에 불리면 맛이 떨어지므로, 적당한 크기로 잘라 약간 덜 불었을 때 거품이 나도록 주물러 씻는다.

부추

봄에 피는 부추는 독특한 향미와 높은 영양가로 인삼, 녹용보다 좋다고 하며 비타민, 철분, 인, 칼슘이 많이 함유되어 있다. 채소 중 가장 성질이 따뜻하고 양기를 북돋워 주어 감기를 예방할 뿐만 아니라, 부추즙은 미용에도 효과가 있으며, 산후통, 치질, 치통에 효과가 있다. 피를 맑게 하여 성인병 예방 및 치료에 좋으며, 장기간 섭취하면 체내 활성산소가 제거된다는 연구 결과가 있다. 잎의 색깔이 선명하고 길이가 짧으면서 굵은 것이 좋고, 뿌리 쪽에 흰 부분이 많은 것이 맛있다. 수분이 닿으면 녹아서 오래 보관하기 어려우므로, 보관 시 씻지 말고 그대로 신문지나 키친타월로 싸서 냉장 보관한다. 오래 끓이거나 가열하면 부추의 향과 약리 작용이 줄어들므로 조리 시에는 씻는 시간과 익히는 시간을 짧게 해야 한다.

쑥

수분, 단백질, 탄수화물, 칼슘, 인, 철, 식이섬유로 구성되어 있고, 특히 비타민과 무기질이 풍부해 감기, 노화, 호흡기 질환, 위장병, 고혈압 등에 효과적이다. 독특한 향기는 '치네올'이라는 성분 때문으로, 소화액의 분비를 촉진시켜 위장을 보호하고 소화를 돕는다. 보통은 성질이 따뜻하여 장에 이로우나, 인진쑥은 성질이 차가워 간에 생긴 습열을 제거하는 데 효과적이다. 그러나 쑥에는 신경을 마비시키는 환각성 독이 미량 함유되어 있어, 생 쑥을 지나치게 많이 먹거나 술안주로 하는 것은 좋지 않다. 쑥을 고를 때는 줄기가 가늘고 키는 30cm를 넘지 않으며 향기가 독하지 않은 부드러운 것이 좋다.

허브

카페인이 전혀 없는 순 알칼리성 식품으로, 허브의 종류에 따라 효능이 다르지만 보편적으로 스트레스, 피로 회복, 진정, 숙면, 각성, 해열, 두통, 소화불량 등 몸의 제반 증상을 조절·완화하고 신진대사에 탁월한 도움을 준다. 음식 조리 시 고기나 생선 등의 역한 냄새를 없애고, 상큼한 향기를 내며, 맵고 달고 시고 쌉쌀한 맛을 내는 향신료의 역할을 한다. 차로도 마시는데, 혈액순환이 잘 되고 위가 상쾌해져 기분이 느긋해지는 효과가 있다.

가지

가지에는 단백질, 탄수화물, 칼슘, 인, 비타민 A, 수분, 비타민 C 등이 함유되어 있으나 100g당 열량은 21kcal로 과실류 중에서는 영양가가 낮은 편에 속한다. 가지는 혈중 콜레스테롤의 상승을 제어하고, 동맥경화를 방지하며, 신경통 완화, 빈혈 및 하혈 증상을 개선하는 효능이 있다. 또한 간장과 췌장의 기능을 향상시키고, 가지에 있는 특수 성분 중 폴리페놀은 발암을 억제한다. 좋은 가지는 표면에 흠이 없고 매끈하며, 색깔은 짙은 암자주색이며 선명하고 광택이 있다. 손으로 만져 보아 단단하고 꼭지가 성싱하며 가시에 손을 댔을 때 아픈 것이 좋다. 지방질을 잘 흡수하는 성질이 있어서 튀기거나 볶는 등 기름을 많이 쓰는 조리법이 적합하다.

고추

고추에는 매운맛을 내는 캡사이신이 들어 있어 위궤양, 고혈압을 유발하기도 하지만, 소화액의 분비를 촉진하고 위장 운동을 자극하여 식욕을 돋우며, 감기나 기관지염에 효과가 있다. 또한 비타민 E가 다량 함유되어 있어 젓갈의 산패를 막으며, 사과의 50배, 귤의 2~3배나 되는 비타민 C가 들어 있다. 고추를 고를 때는 표면에 허연 얼룩이 없고, 껍질이 두꺼우며, 색이 맑고 윤기가 나는 것이 좋다. 꼭지가 푸른색이 나고 단단하게 붙어 있어야 하며, 씨가 적고 밝은 노란색을 띠는 게 좋다. 고추를 오래 보관하려면 그늘지고 건조한 곳에서 그대로 보관하는 것이 좋으며, 가루는 냉장 보관한다. 냉동실에 보관하면 단맛이 떨어지므로 오래 저장하기엔 좋지 않다.

마늘

마늘은 조미료, 향신료의 역할을 하며 독특한 향미로 음식물의 풍미를 돋우고 좋지 않은 냄새를 제거하는 역할을 한다. 비타민 A와 섬유질이 다른 식물에 비해 균형적으로 함유되어 있고 비타민 C를 보호하는 기능을 가지고 있어 항암 효과가 있다. 나물을 데칠 때 마늘을 함께 넣으면 비타민 C의 손실을 막을 수 있다. 또한 마늘은 항균 작용을 하는 알리신 성분을 가지고 있어 결핵에 효능이 있다. 초기 감기나 가래가 생길 때 마늘을 갈아 생즙을 마시면 효과를 보는데, 이는 마늘의 강장 작용에 의해 병에 대한 저항력이 증가하고 혈액순환이 잘 되어 몸이 따뜻해지기 때문이다. 마늘 섭취 후 나타나는 특유의 냄새는 땅콩을 씹거나 우유를 마시거나 커피, 또는 단백질이 많은 음식을 먹음으로써 어느 정도 없앨 수 있다.

고구마

100g당 130kcal의 열량을 가지고 있으며 조섬유, 칼륨, 칼슘, 베타카로틴, 소량의 지방이 들어 있다. 몸의 산성화를 막고, 비타민 E 성분이 많아 다양한 호르몬 생성을 촉진하여 노화를 막아 준다. 당질의 분해를 돕는 비타민 B1이 들어 있으며, 카로틴은 야맹증과 시력 향상에 좋다. 하루에 필요한 양의 비타민 C가 들어 있으며 익혀도 50~70% 정도가 남는다. 고구마에 많이 들어 있는 식이섬유는 수분 함량이 많고 장 속에 이로운 세균이 늘어나게 해 배설을 촉진시킨다. 비만, 대장암, 지방간을 예방하며, 칼륨 성분이 나트륨을 소변과 함께 배출시키므로 고혈압, 뇌졸중, 성인병 예방에 좋다. 고구마를 고를 때는 황토에서 자라 겉면이 밝은 색이고, 흙 파임 등의 골이 적어 모양이 고르며, 늦게 수확하여 단단하고, 적당히 건조되어 저장성이 좋은 것을 골라야 한다.

메밀

껍질을 벗긴 메밀에는 단백질과 라이신, 그리고 쌀의 3배가 넘는 비타민 B1, B2와 인산, 섬유질, 비타민 D, 필수아미노산인 트립토판이 함유되어 있다. 메밀의 가장 중요한 성분은 루틴으로, 껍질과 잎, 꽃, 줄기, 뿌리 등에 걸쳐 있으며 혈관 벽의 저항력을 향상시켜 고혈압, 동맥경화, 모세혈관, 혈관계 환자에게 좋다. 메밀 기름에는 18종의 지방산이 함유되어 있는데 대부분이 불포화지방산이다. 메밀은 기력을 회복시키고 염증을 삭이고 가슴속 열을 내려 주며, 모세혈관을 튼튼하게 하여 우리 몸의 피 돌기를 도와 준다. 더불어 소화불량, 배변, 이뇨 작용을 돕는다. 메밀가루로 약제와 스낵, 어묵을 만들기도 하며, 어린잎과 줄기는 채소로 이용되고 껍질은 베갯속으로 이용되기도 한다.

배추

수분이 95% 가까이 되고, 단백질, 지방, 당질, 섬유질, 비타민 C 등 다른 영양분도 많이 들어 있다. 특히 배추에는 칼슘이 풍부한데, 이 칼슘은 산성을 중화시키는 작용을 해 장수를 돕는 성분으로도 알려져 있다. 배추의 비타민 C와 칼슘은 국으로 끓이거나 김치를 담가도 다른 식품에 비해 파괴가 적다. 배추의 부드러운 섬유질은 변비에 좋으며, 대장암과 치질 치료에도 효과가 좋다. 김장용 배추를 고를 때는 중간 정도의 크기가 알맞으며, 속은 노랗고, 줄기를 먹어 보았을 때 단맛이 있으며 푸른 겉잎을 떼어 내지 않은 것이 좋다. 단, 배춧잎에 검은 점이 있으면 속까지 검은 점이 있으므로 주의해야 한다.

콩

콩은 당질, 단백질, 지방 등으로 구성되어 있고, 각종 비타민과 무기질이 많이 함유되어 있다. 콩의 성분 중 '피니톨'은 당뇨 환자의 안과 질환 발생 및 진행을 막는 것으로 알려져 있으며, 콩의 단백질에는 아미노산이 균형 있게 들어 있다. 강낭콩은 탄수화물, 완두콩은 탄수화물과 단백질이 많고, 검정콩은 비타민 B군과 니아신이 풍부하여 항암, 노화 억제, 혈액순환, 고혈압, 동맥경화에 좋으며 해독 작용과 소염 작용이 뛰어나고 신장 기능이 약한 사람과 어린이에게 좋다. 흰콩은 된장을 만드는 콩으로써, 콜레스테롤을 분해하고 지방 흡수를 억제하며 세포 크기를 작게 해 주는 사포닌이 들어 있고, 질 좋은 단백질과 지방, 비타민이 풍부하다. 콩을 보관할 때는 벌레가 생기지 않도록 용기 밑바닥에 소금을 깔아 두면 좋다.

많은 사람들이 요리를 좋아하면서도 귀찮아하는 이유는, 식재료를 다지고 써는 데 꽤 많은 시간이 걸리기 때문이다.
그렇다고 생략할 수는 없는 일. 재료 준비도 즐거운 요리의 한 과정으로 받아들일 필요가 있다.
기본만 익혀 두면 금세 능숙해질 수 있는 기본 칼질법을 살펴보자.

마늘 다지기

1 마늘의 볼록한 부분이 위로 올라오게 하여 꼭지가 떨어지지 않게 칼집을 넣는다.

2 마늘을 반대 방향으로 잡고 다시 칼집을 넣는다.

3 칼집을 넣은 마늘을 잘게 썬다.

4 칼끝을 도마에 붙여 왼손으로 가볍게 누르고 칼자루를 좌우로 움직이며 다진다.

고추 다지기

1 고추의 꼭지를 뗀다.

2 세로로 반을 가른다.

3 반 가른 고추의 씨를 제거하는데, 꼭지 부분의 씨를 칼끝으로 잡아당기면 손쉽게 제거할 수 있다.

4 씨를 제거한 고추를 길이대로 얇게 채 썬다.

5 채 썬 고추를 돌려 잡고 잘게 자른다. 주로 양념장을 만들 때 이용한다.

고추 송송썰기　고추 어슷썰기　대파 송송썰기　대파 어슷썰기

고추의 모양대로 송송 썬다.

고추를 길게 잡고 어슷 하게 썬다.

대파의 모양대로 송송 썬다.

대파를 길게 잡고 어슷 하게 썬다.

  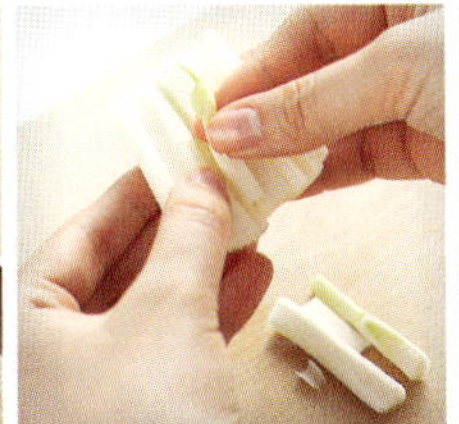  

1 대파의 흰 부분을 5~6cm 길이로 자른다.

2 세로로 반을 가른다.

3 속의 둥근 심을 뺀다.

4 대파를 엎어서 펼쳐 길이대로 가늘게 채 썬다.

5 채 썬 대파를 돌려 놓고 잘게 다진다.

| 생강 다지기 | 생강 편썰기

1 편으로 썬 생강을 가늘게 채 썬다.

2 채 썬 생강을 돌려 놓고 잘게 썬다.

3 칼끝을 도마에 붙여 왼손으로 가볍게 누르고 칼자루를 좌우로 움직이며 다진다.

생강을 모양대로 얇게 썬다.

| 오이 돌려깎기 | 오이 어슷썰기 | 오이 채썰기

1 오이를 적당한 길이로 잘라 껍질을 0.2~0.3cm 두께로 돌려 가며 깎는다.

2 돌려서 깎은 오이 껍질은 가늘게 채 썬다.

오이를 어슷하게 썬다.

어슷 썬 오이를 겹쳐서 가늘게 채 썬다.

양배추 깍둑썰기

1 양배추 1/4통을
3등분 한다.

2 3등분 한 양배추를
적당한 크기로 썬다.

양배추 낱장썰기

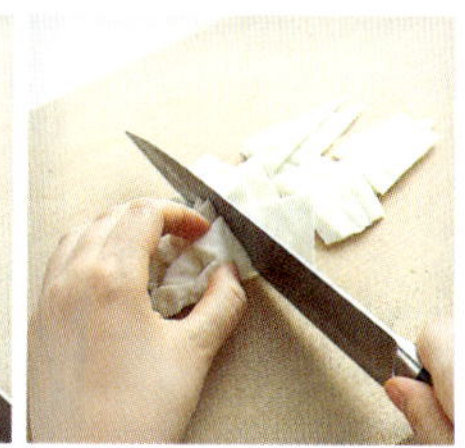

1 양배추를 한 장씩
길게 자른다.

2 길이로 자른 양배추를
모아 적당한 크기로
썬다.

애호박 눈썹썰기

1 애호박 속씨가 삼각형
모양이 되게 겉껍질
부분을 자른다.

2 자른 애호박을 얇게
썬다.

애호박 반달썰기

세로로 반 자른 애호박
을 일정한 크기로 썬다.

애호박 은행잎썰기

세로로 4등분 한
애호박을 일정한 크기로
썬다.

무 깍둑썰기

무를 적당한 크기로
잘라 주사위 모양으로
썬다.

무 나박썰기

1 무를 적당한 크기로
자른다.

2 자른 무의 겉껍질을
벗긴다.

3 껍질을 제거한 무를
3등분 혹은 4등분
하여 자른다.

4 4등분 한 무를
직사각형 모양이 되게
썬다.

무 마구썰기

칼을 45° 각도로 눕혀
원하는 크기로 마구
썬다.

무 채썰기

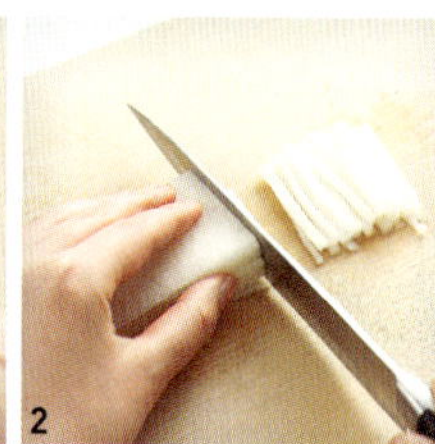

1 무를 통째로 얇게 썬다.

2 얇게 썬 무를 모아서 가늘게 채 썬다.

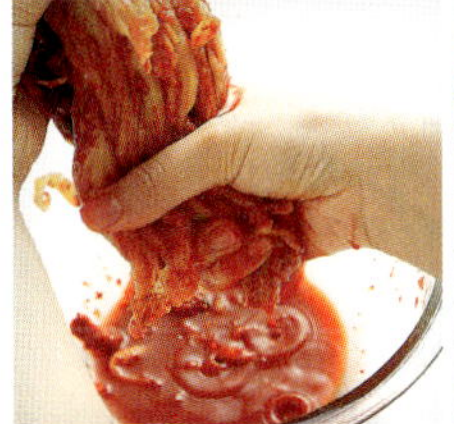 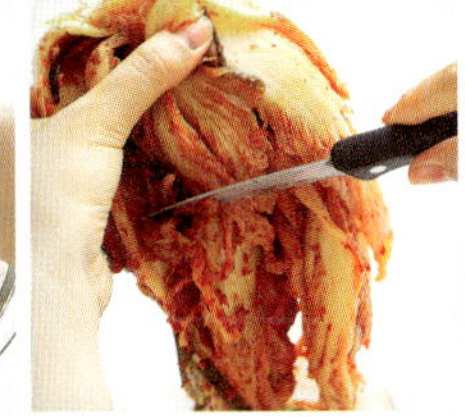  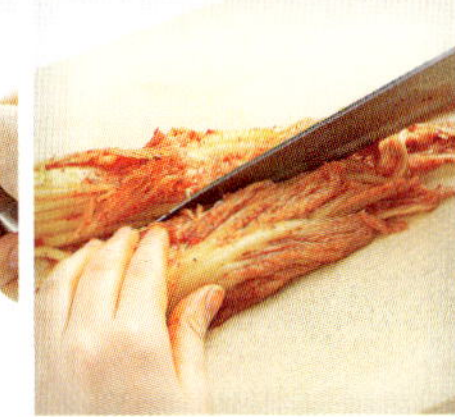 

1 김치의 국물을 짠다.

2 칼로 김치 속에 남아 있는 양념을 털어 낸다.

3 김치의 머리 부분을 잘라 낸다.

4 세로로 2등분 또는 3등분 한다.

5 원하는 크기대로 송송 썬다.

달걀 지단

1 달걀을 깨뜨려 흰자와 노른자로 나눈다. 노른자에는 소금을 약간 넣고 풀어 둔다.

2 흰자에는 소금을 약간 넣고 깨끗한 면포에 걸러 끈을 제거한다.

3 팬에 기름을 두르고 쓰고 남은 오이로 문지른다. 이렇게 하면 기름의 사용량을 줄일 수 있다.

4 풀어 둔 노른자를 팬에 붓는다. 부을 때는 팬의 끝에서부터 붓는다.

5 노른자가 팬에 고루 퍼지게 한다.

6 뒤집을 때는 젓가락을 이용해 한쪽 끝에서부터 들어 올린 후 뒤집는다.

지단 골패썰기

지단 채썰기

지단 완자형썰기

지단을 원하는 크기로 자른 후 직사각형 모양이 되게 썬다.

지단을 3겹으로 말아 가늘게 채 썬다.

지단을 원하는 크기로 자른 후 마름모 모양이 되게 썬다.

요리의 첫 단계! 재료 손질법

좋은 재료를 준비해 두고도 손질을 잘못해 버리기 일쑤인 요리 초보들.
재료의 좋은 성분은 그대로 살리고 더욱 먹기 좋은 음식을 만드는
요리의 첫 단계, 재료 손질법을 살펴보자.

국수 삶기

1 끓는 물에 소금을 약간 넣는다.
2 물이 끓으면 국수를 부채꼴 모양으로 넣는다.
3 물이 다시 끓어오르면 찬물을 붓는다. 이 과정을 2번 반복한다.
4 면을 들어 보아 맑은 색이 나면 찬물에 건진다.

5 찬물에서 비비듯이 씻는다.
6 씻은 국수는 손으로 훑어 물기를 제거한다.
7 손으로 감아 사리를 만든다.
8 채반에 사리를 올려놓고 물기를 뺀다.

쑥

1 쑥은 손으로 만져 가며 잡티를 골라낸다.
2 쑥 뿌리를 잘라 낸다.

3 손질한 쑥은 끓는 물에 데친다.
4 데친 쑥은 씻어 물기를 짠 후 다져서 조리한다.

표고버섯

1 표고버섯은 찬물에 깨끗이 씻어 불순물을 없앤다.

2 미지근한 물에 설탕을 약간 넣는다.

3 설탕물에 표고버섯을 뒤집어 넣고 불린다.

4 불린 표고버섯의 물기를 짠다. 이 불린 물은 육수로 이용한다.

5 기둥을 칼이나 가위로 잘라서 떼어 낸다.

6 표고버섯 뒷면을 칼자루 끝으로 살짝살짝 누르면 쫄깃해진다.

7 표고버섯의 갓을 2~3장으로 얇게 포 뜬다.

8 포 뜬 표고버섯을 겹쳐서 채 썬다.

가리비

1 가리비는 깨끗한 물에서 솔을 이용해 껍질을 닦는다.

2 작은 칼을 껍질 안쪽으로 집어넣어 가리비를 떼어 낸다.

3 떼어 낸 가리비를 흐르는 물에서 깨끗이 씻는다.

4 껍질을 사용할 때는 끓는 물에 삶아서 사용한다.

5 가리비는 내장을 떼어 낸 후 조리한다.

닭

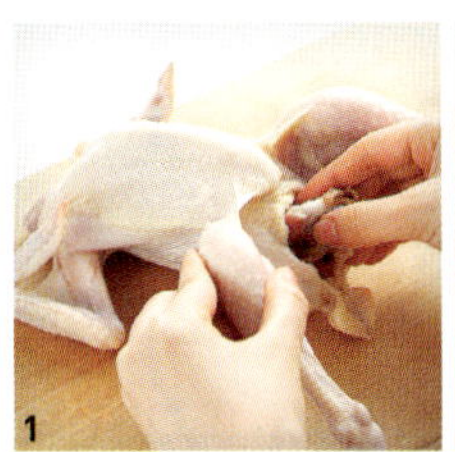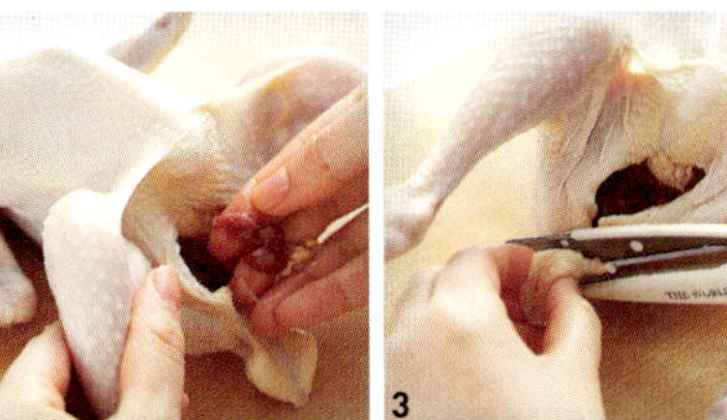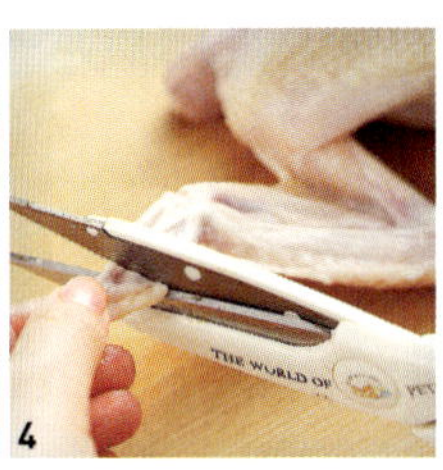

1 닭의 똥집을 제거한다.

2 닭의 내장을 제거한다.

3 닭의 꼬리를 자른다.

4 다리 끝 부분의 뼈를 잘라 낸다.

오징어 1

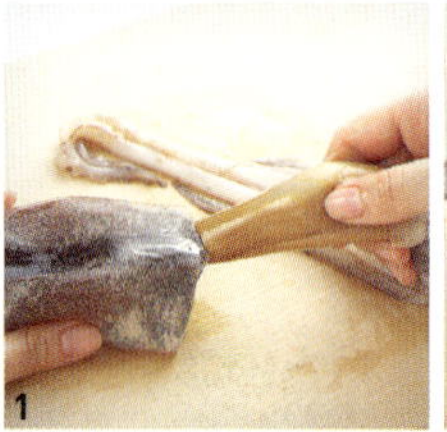    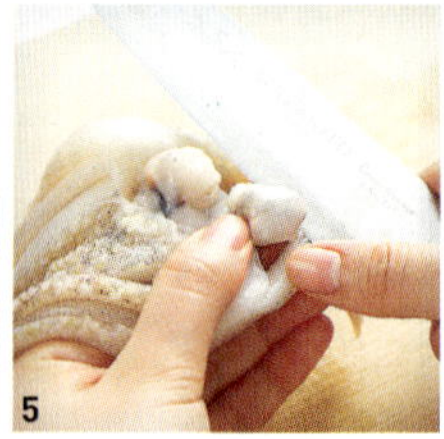

1 오징어는 다리 부분을 잡아당겨 내장을 빼낸다.

2 등뼈도 잡아당겨 빼낸다.

3 다리에 붙어 있는 내장을 자른다.

4 다리 윗부분을 칼끝으로 잘라 한 장으로 펼친다.

5 눈을 제거한다.

오징어 2

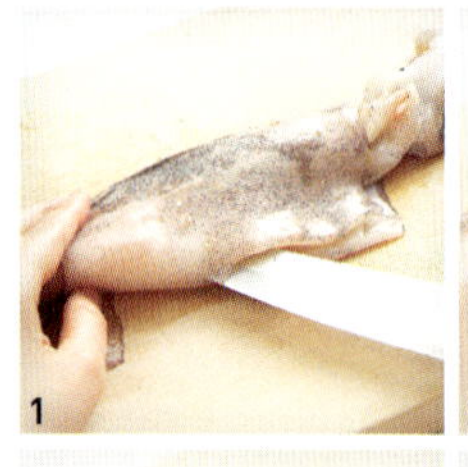 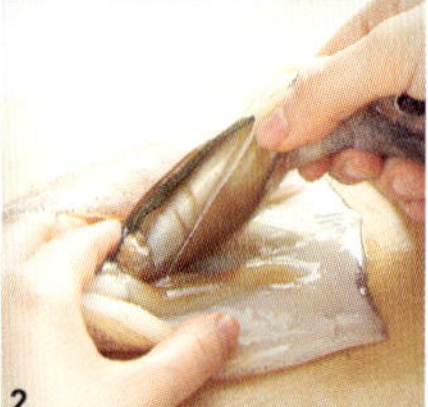 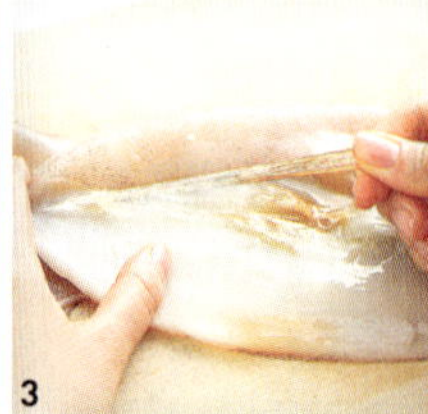  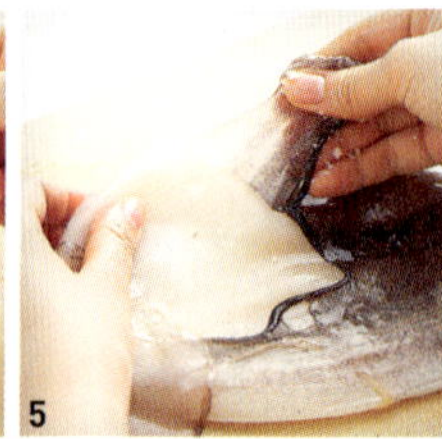

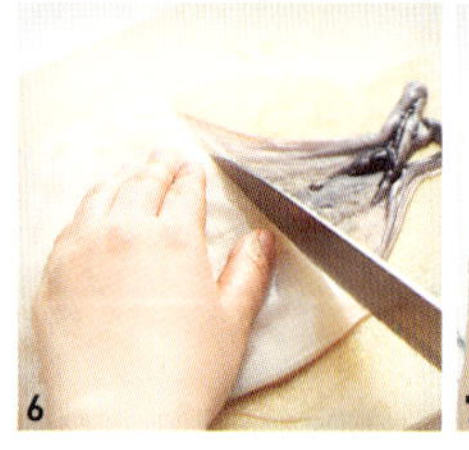 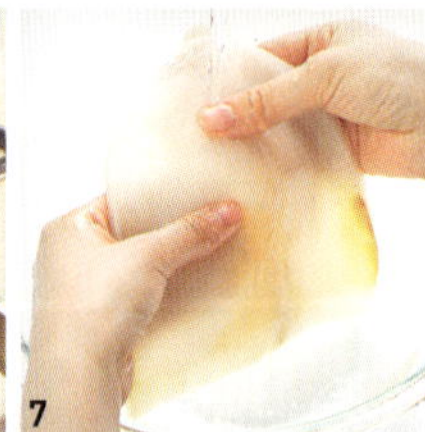

1 오징어는 칼끝으로 귀가 없는 반대쪽에서 돌리면서 배를 가른다.

2 가른 배를 벌려서 내장과 꼬리를 떼어 낸다.

3 등뼈도 제거한다.

4 머리 쪽의 껍질을 벗긴다.

5 굵은소금을 이용해 몸통의 껍질도 벗긴다.

6 껍질이 붙어 있는 끝 부분을 자른다.

7 흐르는 물에 깨끗이 씻는다.

양배추

1 양배추는 겉의 누렇고 시든 잎을 벗긴다.

2 뿌리 쪽에 칼집을 넣어 삼각형 모양으로 심을 도려낸다.

3 용도에 맞게 2등분 또는 4등분 한다.

4 낱장으로 한 장씩 벗긴다.

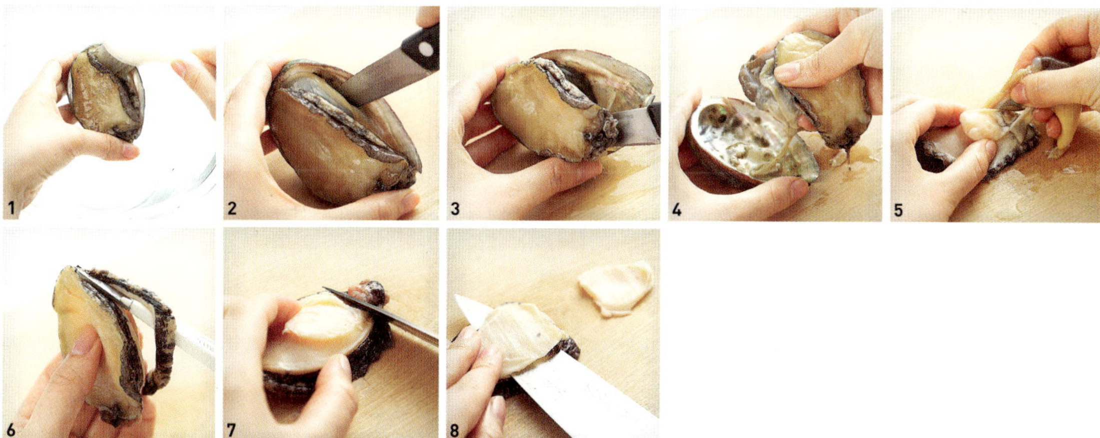

1 전복은 족부와 살을 솔로 문질러 가며 씻는다.

2 껍데기와 살이 붙은 부분에 작은 칼의 끝을 넣는다.

3 두꺼운 쪽에서 앞으로 당기면서 잘라 낸다.

4 껍데기에서 전복을 분리시킨다.

5 내장을 떼서 제거한다.

6 가장자리에 있는 족부를 가위로 잘라 낸다. 남은 족부는 다져서 죽을 쑬 때 이용한다.

7 입 부분을 잘라 낸다.

8 다 손질한 전복은 다시 씻어 물기를 제거하고 포를 뜬다.

| 열무

1 열무 잎 중에서 누렇고 시든 잎을 떼어 낸다.

2 칼끝으로 살살 긁어서 뿌리를 다듬는다.

3 열무의 끝 부분을 자른다.

4 뿌리와 줄기 사이를 다듬는다.

5 열무 쪽으로 칼집을 넣어 길이로 2등분 한다.

6 깨끗한 물에 씻는다.

7 소금을 뿌려 절인다.

1 굵은 소금으로 오이를 문질러 이물질을 제거한다.
2 칼로 살살 긁어 가며 가시를 제거한다.
3 흐르는 물에 깨끗이 씻는다.

| 가지

1 가지는 꼭지를 자른다.
2 껍질을 벗긴다.
3 길이로 4등분 한다.
4 갈변 방지를 위해 소금물에 담근다.

| 단호박

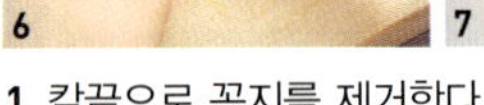

1 칼끝으로 꼭지를 제거한다.
2 꼭지를 제거한 단호박을 2등분 한다.
3 숟가락으로 씨를 긁어낸다.
4 껍질을 벗긴다.
5 껍질 벗긴 단호박을 3~4등분 한다.
6 적당한 크기로 자른다.
7 끓는 물에 넣고 삶는다.
8 삶은 단호박은 체에 걸러 으깬다.

1 배추의 시든 겉잎을 떼어 낸다.
2 배추 밑동을 자른다.
3 밑동 쪽으로 칼집을 넣는다.
4 칼집을 낸 부위를 손으로 갈라 2등분 한다.
5 2등분 한 배추의 밑동을 칼로 약간 자른다.
6 소금에 잘 절여지게 하기 위해 물에 적신다.
7 소금을 한 움큼 쥐고 배춧잎 한 장 한 장
   사이사이에 골고루 뿌려서 절인다.
8 다 절여진 배추를 다시 반으로 가른다.
9 흐르는 물에 깨끗이 씻는다.
10 체에 밭쳐 물기를 뺀다.
11 배추의 머리 부분을 자른다.

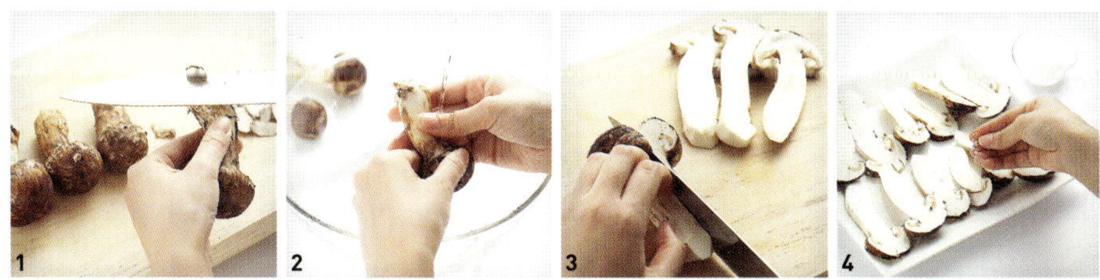

1 송이버섯은 뿌리 쪽의 흙을 칼로 저며 낸다.
2 흐르는 물에 씻으면서 기둥의 검은 면을 칼로 살살 긁어낸다.
3 깨끗하게 손질한 송이버섯을 길이대로 썬다.
4 접시에 가지런히 놓은 다음 소금을 뿌린다.

발효겨자

1 겨자가루와 물을 1 : 1로 넣는다.

2 물과 겨자가루가 고루 섞이도록 잘 갠다.

3 갠 겨자는 그릇에 납작하게 붙도록 만든 후 뜨거운 물이 있는 냄비 뚜껑 위에 엎어 놓아 발효시킨다(50℃에서 10분 정도).

4 매운 맛을 빼기 위해 뜨거운 물을 넣는다.

5 뜨거운 물만 따라 낸다.

6 식초, 설탕, 참기름, 소금을 약간씩 넣어 양념을 한 후 요리에 이용한다.

만두피

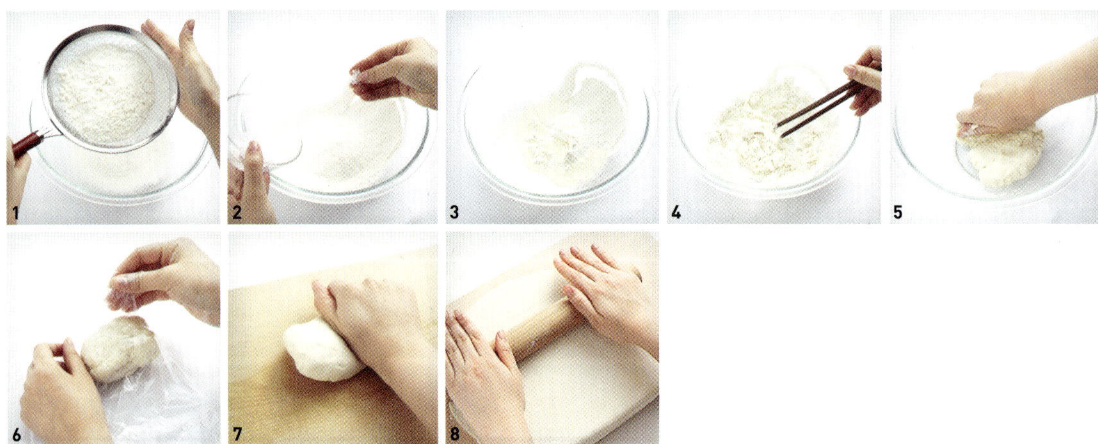

1 밀가루를 체에 쳐 내린다.

2 체 친 밀가루에 소금을 넣는다.

3 물을 약간 넣는다(밀가루 1컵 기준 4큰술 정도).

4 우선 젓가락으로 젓는다.

5 젓가락으로 어느 정도 반죽이 되었으면 손으로 반죽한다.

6 반죽한 덩어리는 랩에 싼 후 실온에서 30분간 숙성시킨다.

7 숙성된 반죽을 다시 많이 치댄다.

8 밀대로 밀어 만두피로 사용한다.

우리 가족의 건강을 책임지는 맛있는 보약

밥과 죽

김치밥

김치는 숙성되는 과정에서 유산균에 의해 맛이 좌우된다.
호박산과 아미노산이 가장 많이 생길 즈음
좋은 맛을 내며, 비타민 C도 제일 많다.
식이섬유의 함량이 높아 장에 이롭다.

재료

쌀 2컵, 물 1/2컵, 배추김치 300g, 소고기 100g

김치 양념 참기름·깨소금 1작은술씩, 설탕 1/2작은술

소고기 양념 간장 1큰술, 다진 파·깨소금 1작은술씩, 참기름 2작은술, 다진 마늘 1/2작은술

30min   **138.5kcal**   **4인분**

1_ 쌀은 씻어서 솥에 담고 분량의 물을 부어 30분 정도 불린다.

2_ 김치는 속을 털어 내고 국물을 꼭 짜서 머리 쪽은 잘라 내고 1cm 넓이로 썰어 양념에 무친다.

3_ 소고기는 굵게 채를 썰어 소고기 양념에 무쳐 놓는다.

4_ 솥의 쌀이 불었으면 양념한 김치를 얹고 그 위에 양념한 소고기를 올려 뚜껑을 닫고 센 불에서 끓인다.

5_ 밥이 끓기 시작하면 재빨리 약한 불로 줄여 20분간 뜸을 들인 후 불을 끄고 5분간 그대로 둔다. 뚜껑을 열고 주걱으로 밥을 고루 섞은 후 그릇에 담는다.

보리감자비빔밥

보리의 종류에는 껍질보리와 쌀보리가 있으며,
도정을 해도 식이섬유가 많아 소화가 잘 되지 않으므로
도정한 보리를 납맥 또는 할맥으로 가공하여 이용한다.
오곡 중에서도 으뜸이지만 폭식을 하면 기가 내려가 다리가 약해진다.

보리쌀 2컵, 쌀 1컵, 감자 2개, 팥 1/2컵, 깨소금 1큰술,
열무 200g, 애호박 100g, 청고추 3개, 물 3컵, 고춧가루
1/2큰술, 소금 약간

양념 다진 파 4큰술, 진간장 3큰술, 고추장·참기름 2큰술
씩, 다진 새우젓 1큰술, 식초·다진 마늘·올리브유 1/2큰
술씩

양념장 고춧가루·깨소금 1/2큰술씩, 진간장 5큰술, 참기
름 1큰술

Essential Tip

1. 보리쌀은 알이 고르고 둥그스름하며 손으로 만져
   보아 부드러운 것이 좋아요.
2. 보리밥은 보리쌀을 물에 담가서 짓는 방법보다,
   시간은 더 걸리지만 한번 푹 삶아서 짓는 것이 좀
   더 부드럽고 구수한 맛이 나요. 한 번에 넉넉하게
   삶아 1회 분량씩 봉지에 넣어 냉동 저장했다가
   녹여 쓰면 편리해요. 부재료도 위의 재료 외에 다
   른 채소를 이용해도 좋아요.

30min 506kcal 4인분

1_ 보리쌀은 씻어서 1시간 이상 불린 후 건지고, 쌀도 씻어 건져 놓는다.

2_ 감자는 껍질을 벗기고 씻어 1개를 4등분 한 후 색이 변하지 않게 물에 담그고, 팥은 딱딱하지 않을 정도로 삶아 둔다.

3_ 돌솥에 손질한 보리쌀과 쌀, 감자, 팥을 넣고 물 2컵을 부어서 밥을 짓는다.

4_ 열무는 깨끗이 다듬어 씻어서 소금을 약간 넣은 끓는 물에 살짝 데쳐 찬물에 헹군 후, 원하는 크기로 썰어 다진 파
   1큰술, 다진 마늘·참기름·깨소금 1/2큰술씩과 식초 약간을 넣고 새콤하게 무친다.

5_ 애호박은 얇게 반달 모양으로 썰어 소금에 살짝 절인 후 올리브유를 두른 팬에 다진 새우젓과 남은 다진 파, 다진 마
   늘을 넣고 볶다가 깨소금과 참기름으로 마무리하여 그릇에 담아 식힌다.

6_ 청고추는 길게 반을 잘라 씨를 털고 잘게 다져, 남은 다른 양념과 섞는다.

7_ 그릇에 밥을 담고 열무 무친 것과 호박 볶은 것을 올린 후 참기름과 양념장을 넣어 비벼 먹는다.

새싹비빔밥

새싹은 씨앗에서 싹이 나와 잎이 1~3장쯤 된 어린 채소를 말한다.
무공해 식품으로, 익히지 않고 주로 생으로 먹는데 향이 좋고 씹을수록 맛이 난다.
싹은 다 자란 채소보다 비타민, 미네랄의 함량이 몇 배나 더 많으며 새싹의 종류에 따라
효능이 다르지만 공통적으로는 노화, 암, 항산화 등에 도움을 주는 것으로 알려져 있다.

각종 새싹 150g, 흰밥 4공기, 가미된 청어알 4큰술, 청포묵 100g, 소고기 100g, 식용 꽃 약간, 깨소금 2큰술, 참기름 1큰술

소고기 양념 진간장 1큰술, 설탕 1/2큰술, 다진 파·깨소금·참기름 1작은술씩, 다진 마늘 1/2작은술, 후춧가루 약간

약고추장 고추장 2큰술, 다진 소고기 30g, 다진 마늘·참기름 1큰술씩, 물엿 1/2큰술, 잣 2큰술

 30min  459kcal  4인분

1_ 각종 새싹들은 종류별로 깨끗이 씻은 후 건져서 물기를 뺀다.

2_ 청포묵은 젓가락 굵기로 썬 후 냄비에 참기름 1/2큰술을 두르고 살짝 볶으면서 소금을 약간 넣는다.

3_ 소고기는 고운 채로 썰어 양념장에 무친 후 냄비에 참기름을 두르고 살짝 볶는다.

4_ 소고기를 볶다가 약고추장 재료를 넣고, 소고기가 익으면 잣을 넣고 마무리한다.

5_ 비빔그릇에 흰밥 한 그릇을 담고 양념한 소고기를 중앙에 올린 후 새싹은 색을 맞추어 돌려 담는다.

6_ 소고기 위에 청포묵과 청어알을 올리고 식용꽃으로 장식한다. 약고추장은 따로 곁들여 낸다.

콩탕밥

콩은 소화를 돕고 치아가 약한 노인이나 어린이에게 좋다. 또 쌀에 부족한 단백질이 풍부한 음식으로,
콩에 들어 있는 불포화지방산은 동물성 지방의 과잉 섭취에서 오는 콜레스테롤을
씻어 내는 역할을 하므로 육류를 많이 섭취할 때 먹으면 좋다.

재료

흰콩 1/2컵, 쌀 2컵, 보리쌀 1컵, 감자 200g, 무 300g, 소금 1작은술, 올리브유 약간

양념장 진간장 3큰술, 다진 풋고추·멸치가루 1큰술씩, 참기름 1작은술

1_ 콩은 깨끗이 씻어 물 2컵에 미리 불려 놓은 후 살짝 삶아 믹서에 간다. 간 콩을 체로 거른 다음, 앙금이 가라앉게 두어 맑은 국물을 만든다.

2_ 보리쌀은 밥같이 푹 삶는다.

3_ 쌀은 씻어 30분 정도 불린 후 건지고, 쌀 불린 물과 콩의 맑은 국물을 섞어 2컵을 만든다. 감자는 껍질을 벗겨 사방 1cm, 길이 4cm로 썬다.

4_ 무는 채 썰어서 소금을 뿌렸다가 꼭 짠 후 올리브유에 살짝 볶는다.

5_ 삶은 보리쌀과 불린 쌀, 감자, 콩 국물 2컵을 넣고 된밥을 짓고, 무채 볶은 것과 콩 앙금을 끼얹어 약한 불에서 푹 뜸을 들인 후 섞는다.

6_ 콩탕밥을 그릇에 담고 양념장을 곁들여 비벼 먹는다.

고구마풋콩잡곡밥

고구마의 원산지는 남미로, 조선통신사가 일본에 갔다가
씨 고구마를 부산 동래로 가지고 오면서 재배가 시작되었다.
초기에는 경상도가 주 재배지였으나 호남 지방으로
전래된 이후에는 그곳이 주산지로 이름이 나게 되었다.
고구마는 알칼리성 식품으로 약용은 감자와 같으며
대장, 소장을 보호하고 변비에 좋다.

재료

고구마 300g, 풋콩(청대콩) 50g, 찰수수·보리쌀·팥·차
좁쌀 1/2컵씩, 찹쌀 1컵, 대추 12개, 물 3컵, 소금 1/2작
은술

비빔장 진간장·참기름 2큰술씩, 깨소금 1큰술

30min **874kcal** **4인분**

1_ 풋콩은 속껍질이 마르지 않아 지저분하므로 깨끗이 씻는다.

2_ 고구마는 껍질을 벗겨 밤알 크기로 썬 후 소금 1/2작은술을 뿌려 두고, 대추는 돌려깎기 하여 씨를 제거한 후 3등분
한다.

3_ 보리쌀은 30분 정도 푹 삶는다.

4_ 찰수수와 찹쌀, 차좁쌀은 깨끗이 씻은 후 물에 담갔다가 물기를 뺀다.

5_ 팥은 물 1컵을 넣고 터지지 않을 정도로 삶은 후 삶은 물에 그대로 담가 둔다.

6_ 돌솥에 곡류와 풋콩, 고구마, 대추, 팥을 고루 섞어 넣고 분량의 물을 부어 처음에는 센 불에서 끓이다가 끓기 시작하
면 중간 불로 낮추고, 15분이 지나면 약한 불에서 5분 정도 뜸을 들인다.

7_ 다 지어진 고구마풋콩잡곡밥을 넓은 그릇에 담은 후 분량의 재료들을 섞어 비빔장을 만들어 곁들여 낸다.

온반

평안도 지방에서는 밥에 뜨거운 고깃국을 부어 먹는 밥을 '온반'이라 했다.
세배 음식 또는 잔치 음식으로 손님을 대접하는 귀한 음식이었다.
주로 소고기를 이용하나 지역에 따라서는 닭고기를 이용하기도 한다.

재료

밥 4공기, 양지머리 500g(물 10컵), 청포묵·시금치 100g씩,
고사리·콩나물·도라지·두부 50g씩, 소금·국간장 약간씩

청포묵 양념 소금 1/2작은술, 참기름 1작은술

고사리 양념 국간장·다진 파·다진 마늘·참기름 1작은술씩

콩나물·도라지·시금치 양념 소금·참기름 1작은술씩

두부 양념 고춧가루 1/2작은술, 깨소금 1작은술, 후춧가루
약간

편육 양념 국간장 1/2작은술, 다진 파 2작은술, 다진 마늘·
참기름·소금 1작은술씩, 후춧가루 약간

60min 409kcal 4인분

1_ 양지머리는 물에 1시간 정도 담가 핏물을 빼고 찬물에 넣어 부드러운 느낌이 들 때까지 삶아 건진 후 3×4×0.2cm
크기로 썰어 편육 양념으로 무친다.

2_ 고기를 삶은 육수는 기름기를 제거하고 국간장과 소금으로 간을 맞춘다.

3_ 청포묵은 국수처럼 가늘게 채 썰어 양념에 무친다.

4_ 도라지는 가늘게 찢어 끓는 소금물에 데친 후 양념에 볶고, 고사리도 다듬어 깨끗이 씻은 후 양념에 볶는다.

5_ 콩나물은 비린내가 없도록 삶아 양념에 무치고, 시금치는 다듬어 끓는 소금물에 데쳐 맑은 물에 씻은 후 양념에 무
친다.

6_ 두부는 면포에 넣고 물기를 꼭 짠 후 그릇에 담아 분량의 양념으로 무치면서 손으로 잘게 부순다.

7_ 큰 대접에 밥 한 공기를 담고 편육 무친 것과 청포묵, 각종 나물을 돌려 담는다. 간을 맞춘 육수를 끓여서 부은 후 두
부 무친 것을 올려 낸다.

뜨끈하고 시원한 뒷맛이 속 깊은 곳까지 풀어 주는

콩나물국밥

콩나물은 우리에게 친숙한 식품으로, 추위가 시작되는 가을이 되면 생각나는
식품 중 하나이다. 비타민 C가 풍부하여 한동안 추위를 잊게 하고,
감기·몸살을 회복시키며, 숙취를 해소해 준다.

콩나물 200g, 물 2컵, 배추김치 100g, 송송 썬 대파(흰 부분) 1큰술, 달걀노른자 4개, 밥 3공기, 새우젓 4작은술, 고춧가루 2작은술, 다진 마늘 2큰술, 깨소금 약간

콩나물 양념 국간장·참기름 1작은술씩, 소금·다진 파· 다진 마늘·깨소금 약간씩

김치 양념 다진 파 1작은술, 다진 마늘 1/2작은술, 소금· 깨소금·참기름·국간장 약간씩

멸치 장국 멸치 15g, 다시마 10g, 양파 1/2개, 대파 1뿌리, 물 7컵, 국간장 2큰술, 소금 약간

30min   **288kcal**   **4인분**

1_ 콩나물은 손질하여 뚜껑을 덮고 데치다가 김이 나기 시작하면 2분 뒤에 불을 끄고 뚜껑을 열어 한 김 내보낸다.

2_ 콩나물이 뜨거울 때 분량의 양념 재료들을 넣어 무치고, 삶은 물은 버리지 말고 담아 둔다.

3_ 배추김치는 푹 익은 신맛이 나는 것으로 준비하여 속을 털고 국물을 짠 후, 1cm 너비로 썰어 분량의 양념 재료들을 넣고 조물조물 무친다.

4_ 멸치 장국 재료를 끓이다가 끓으면 불을 줄여 20분 정도 더 끓인다. 건더기를 건져 낸 후 콩나물 삶은 물과 합해 국간장과 소금으로 간을 맞추면서 한 번 더 끓인다.

5_ 뚝배기에 뜨거운 밥을 2/3공기 정도 넣고 양념한 콩나물과 배추김치를 넣은 후 멸치 장국을 밥과 콩나물이 잠길 정도로 붓고 끓인다.

6_ 국이 끓어오르면 거품을 제거하고 새우젓, 다진 마늘, 깨소금, 고춧가루, 송송 썬 대파를 얹는다.

7_ 달걀노른자를 얹어서 상에 낸다.

달콤하고 부드럽게 씹히는 두 가지 재료의 조화

호박고구마범벅

술의 원료로도 쓰이는 고구마의
주성분은 전분으로 당분이 4%이고,
비타민 A의 전구체인 카로틴도 많이 들어 있다.
고구마를 먹을 때 주로 짠 반찬과 함께 먹게 되는데,
고구마에는 나트륨을 몸 밖으로 내보내는 역할을 하는
'칼리'라는 성분이 들어 있기 때문에 궁합이 좋다.

늙은 호박 500g, 고구마 200g, 팥 1/2컵, 소금 2큰술, 설탕 5큰술, 찹쌀가루 1컵, 물 7컵
고구마 양념 소금 1/2큰술, 설탕 3큰술

 40min  783kcal  4인분

1_ 늙은 호박은 껍질을 벗기고 얇게 썰어 물 6컵을 붓고 센 불에서 끓이다가, 거품이 생기면 걷어 내고 불을 낮춰 서서히 뭉그러질 때까지 푹 끓인다.

2_ 고구마는 사방 2cm 크기로 썰어 분량의 소금과 설탕을 섞어 잰다.

3_ 팥을 뭉그러지지 않게 삶아 체에 밭쳐 물기를 뺀다.

4_ 삶아 놓은 호박에 양념한 고구마를 넣고 다시 서서히 끓이다가 고구마가 푹 무르면 삶은 팥을 넣는다.

5_ 찹쌀가루에 물 1컵을 부어 갠 후 냄비에 줄줄 흘려 넣으면서 젓는다.

6_ 국물이 원하는 농도로 걸쭉해지면 소금과 설탕으로 간을 맞춘다.

톳들깨죽

톳의 탄수화물은 식이섬유가 약 10% 정도로
식욕을 돋우고 장을 자극하여 변비에 좋다.
톳의 철분은 흡수율이 낮지만 채소와 함께 섭취하면
비타민 C가 철분 흡수를 돕는다. 또한 톳에 들어 있는
칼슘은 골다공증과 여성의 질염을 예방하고 저항력을 키우며,
망간은 피로 회복과 노인 치매에도 좋다고 한다.

톳 100g, 통들깨 1컵, 불린 쌀 2큰술, 쌀뜨물 3컵, 차수수 가루 1/2컵, 파래가루 1큰술, 홍고추 1/3개, 소금 약간

 40min
 86kcal
 4인분

1_ 톳은 잡티를 고르고 긴 것은 반으로 잘라 다듬은 후 맑은 물이 나올 때까지 깨끗이 씻는다.

2_ 끓는 물에 소금을 약간 넣고 톳을 넣었다가 파래지면 바로 건져 찬물에 재빨리 씻은 후 건져 놓는다.

3_ 통들깨는 깨끗이 씻어서 불린 쌀과 쌀뜨물을 같이 넣고 믹서에 간 후 체에 거른다.

4_ 차수수가루에 파래가루를 넣어 끓는 물로 익반죽하여 많이 치댄다.

5_ 치댄 반죽으로 새알을 빚고, 홍고추는 씨를 제거하고 굵게 다진다.

6_ 냄비에 들깨 국물을 붓고 끓인다.

7_ 끓는 국물에 새알과 톳을 넣고 좀 더 끓인다.

8_ 새알이 떠오르면 소금으로 간을 하고 다진 홍고추를 넣은 후 불을 끈다.

들깨콩죽

들깨는 비타민이 골고루 들어 있어 여름철에 체력이 떨어질 때
기운을 나게 하는 역할을 하며 입맛을 돋워 준다.
또한 들깨에 들어 있는 리놀산은 피부 미용에 효과가 있으며
기침을 그치게 하고 갈증을 덜어 준다.

보리·쌀·콩 1/2컵씩, 들깨 1컵, 물 8컵, 소금 약간

 20min  321kcal  4인분

1_ 보리쌀과 쌀, 콩은 씻어서 물 5컵에 3시간 이상 불리고, 들깨는 잘 씻어서 돌이 들어가지 않도록 망으로 건진다.

2_ 믹서에 불린 보리쌀, 쌀, 콩과 물 1컵을 넣고 갈다가 들깨도 넣고 곱게 간다.

3_ 곱게 간 콩물을 중간 체에 한 번 밭친다.

4_ 냄비에 쓰고 남은 물을 부어 센 불에서 끓이다가, 체에 밭친 콩물을 넣고 약한 불에서 먹기 좋은 죽 농도가 될 때까지 저어 가며 끓인다.

5_ 다 끓었으면 소금으로 간을 맞추고 그릇에 담는다.

완두콩죽

완두는 콩과 식물 중 재배한 지 가장 오래된
작물로 알려져 있으며 추위를 잘 견디고
덩굴로 쉽게 뻗어 나간다.
맛이 달고 지방이 적으며 카로틴과
비타민 C가 다른 콩류보다 많다.
식이섬유도 많아 항암 효과가 탁월하며
콜레스테롤 감소, 고혈압 예방, 노화와
비만 방지 등에도 효능이 있는 것으로
알려져 있다.

재료

완두콩 1컵, 호두 10개, 찹쌀가루 1컵, 설탕 2작은술, 물
3컵, 소금 약간

 30min    135kcal    4인분

1_ 완두콩은 깨끗이 씻어 끓는 물에 넣고, 소금을 약간 넣어 비린내가 가실 정도로 살짝 삶는다.

2_ 호두는 끓는 물을 부어 껍질을 불린 후 건져 속껍질을 벗긴다.

3_ 믹서에 물 2컵과 삶은 완두콩과 호두를 넣고 곱게 간다.

4_ 간 완두콩을 체에 부어 숟가락으로 저으면서 거른다.

5_ 거른 건더기를 다시 그릇에 담고 물 1컵을 부어 주무르다가 체에 다시 거른 후, 건더기는 버린다.

6_ 냄비에 거른 국물을 붓고, 찹쌀가루를 넣고 풀어 잠시 둔다.

7_ 찹쌀가루가 물을 흡수해 부드러워졌으면 끓이기 시작한다.

8_ 끓으면 원하는 농도를 맞추면서 설탕을 넣고 단맛이 나면 소금을 넣어 간을 맞춘다.

타락죽

타락이란 우유를 가리키는 말로 우리나라에는 불교가 전해진 4세기경부터 있었다.
요즘은 일상생활에서 흔하게 접할 수 있지만 예전에는 일반인들이 접할 수 없는 귀족들의 보양식이었다.
맛이 부드러워 노인의 건강식이나 이유식으로도 좋다.

쌀 1컵, 우유 4컵, 물 3컵, 소금·설탕 적당량씩

30min　　**175kcal**　　**4인분**

1_ 쌀은 미리 씻어 3시간 이상 불린 후 소쿠리에 건져 물기를 뺀 다음 믹서에 물 1컵을 넣고 곱게 간다.

2_ 믹서에 간 쌀을 고운체에 밭쳐 건더기가 생기면 그 건더기에 다시 물 1컵을 붓고 갈아 체에 밭친 뒤 처음 간 물과 섞는다.

3_ 돌냄비에 곱게 간 쌀물과 물 1컵을 넣고 센 불에 올려 나무주걱으로 서서히 저으면서 끓인다.

4_ 냄비가 더워지면서 쌀의 녹말이 엉겨 붙기 시작하면 우유 1컵을 붓고 잘 저어 덩어리를 푼다.

5_ 덩어리가 어느 정도 풀어지면 다시 우유 1컵을 서서히 붓기를 반복한다. 우유 4컵을 전부 다 넣으면서 끓이면 약간 묽은 죽이 되는데, 이것을 계속 끓이면 알맞은 농도의 죽이 된다.

6_ 다 되었으면 뜨거울 때 소금과 설탕을 넣어 간을 맞춘 후 그릇에 담아 낸다.

은행죽

은행의 성분은 당질이 대부분이며 맛이 달고 쓰며 독이 없다.
은행의 독특한 풍미는 청산 배당체 때문인데 날것으로 먹으면
독성이 있지만 익혀서 먹으면 독성이 줄어들어 크게
걱정하지 않아도 된다. 그러나 일반적으로 성인은 하루에
5~10개만 먹는 것이 좋다고 한다. 은행은 야뇨증, 기침,
식욕 증진 등에 효능이 있다.

은행·찹쌀가루 1컵씩, 물 2컵, 설탕 또는 꿀 1작은술, 소금 약간

 30min  290kcal  4인분

Essential Tip

1. 은행은 알이 굵고 둥근 부분이 푸른색이 나는 것이 좋아요.
2. 멥쌀로 만들어도 좋지만, 은행에 전분이 많기 때문에 죽이 뻑뻑해지고 물을 많이 섞게 되어 맛이 덜해지는 단점이 있어요. 찹쌀가루로 하면 식어도 되지 않고 먹을 때 매끄럽게 잘 넘어가 좋아요. 찹쌀가루가 없을 때는 찹쌀을 불려 믹서에 갈아서 만드세요.
3. 오래 끓이면 은행의 푸른색이 누런 색으로 변해 좋지 않아요.

1_ 찹쌀가루를 준비한다.

2_ 은행은 속껍질을 벗긴 후 물 1컵을 부어 믹서에 곱게 간다.

3_ 곱게 간 은행을 체에 밭친다.

4_ 냄비에 은행 간 물과 찹쌀가루를 섞고 물 1컵을 넣어 잘 섞는다.

5_ 나무주걱으로 저어 가면서 끓이다가 끓기 시작하면 약한 불로 줄인 후 자주 저어 주면서 은행의 비린 냄새가 나지 않을 때까지 끓인다.

6_ 다 끓었으면 소금으로 먼저 간을 맞추고 기호에 따라 설탕이나 꿀로 간을 맞춘다.

녹두죽

녹두의 성분은 팥과 비슷한데, 콩나물처럼 나물로 기르면
성분이 상당히 달라져 비타민 A는 2배, 비타민 B는 30배,
비타민 C는 40배 이상 증가한다.
우리나라와 중국에서는 열이 나는 환자에게 녹두죽을 먹이는데,
몸을 차게 하고, 입술이 마르거나 입속이 헐었을 때
좋을 뿐만 아니라 피로 회복에도 좋기 때문이다.

재료

쌀 · 녹두 1컵씩, 물 8컵, 소금 약간

40min 231kcal 4인분

1_ 쌀은 돌이 없게 깨끗이 씻어 5시간 이상 불린 후 물기를 뺀다.

2_ 녹두도 깨끗이 씻어 돌이 없게 한 후 물 7컵을 붓고 푹 퍼질 때까지 삶는다.

3_ 삶은 녹두를 손으로 주무른 후 체에 밭친 다음, 물 1컵에 다시 씻어 따로 거른 후 껍질은 버리고 거른 물을 체에 밭친 물과 합한다.

4_ 체에 밭친 녹두 앙금을 가라앉혀 위의 물을 따로 따라 놓는다.

5_ 따라 놓은 윗물과 맑은 물을 합하여 7컵 정도로 만들어 냄비에 붓는다. 냄비에 불린 쌀을 넣어 센 불에서 끓이다가, 끓기 시작하면 불을 낮추고 주걱으로 저으면서 쌀이 퍼지게 서서히 끓인다.

6_ 쌀알이 밥알보다 더 크게 퍼지면 가라앉힌 녹두 앙금을 흘려 넣으면서 눋지 않게 주걱으로 저어 가며 끓인다.

7_ 쌀의 퍼짐과 농도가 알맞게 되면 소금으로 간을 맞춘 후 그릇에 담는다.

단호박죽

단호박은 일부 지역에서 소규모로 재배되다가
지금은 비타민 A, B_1, C 등이 다량 함유되어 있다는 것이
일반 소비자들에게 알려지면서 건강 식품으로 인식되어 많이
생산되고 있다. 이뇨와 해독 작용을 해 간이 안 좋고 냉한 체질인 사람에게
좋으며, 비장의 기능을 돕는 채소로도 손꼽힌다.

1_ 단호박은 2등분 하여 씨를 숟가락으로 긁어낸 후 껍질을 벗긴다.

2_ 껍질을 벗긴 단호박을 깨끗이 씻은 후 적당한 크기로 썬다.

3_ 냄비에 물 2컵을 붓고 손질한 단호박을 넣어 끓이다가 거품이 생기면 숟가락으로 떠낸다. 불을 약하게 하여 단호박이 뭉그러질 때까지 삶는다.

4_ 삶은 단호박을 믹서에 곱게 간다.

5_ 냄비에 곱게 간 단호박을 넣고 끓이다가 거품을 제거하고, 찹쌀가루에 물 1컵을 타서 잘 섞은 후 멍울이 지지 않게 잘 저으면서 냄비에 부어 걸쭉하게 농도를 맞춘다.

6_ 농도를 맞춘 단호박죽에 설탕을 넣고 끓인 후 소금으로 간을 맞춘다.

7_ 완성된 단호박죽을 그릇에 담고 호박씨로 장식한다.

어죽

여름철의 어죽에는 물고기로 만든 것과
닭과 전복을 이용한 것이 있다.
전복은 간의 지나친 활동으로 머리가 아프고
귀가 울리며 혀와 목이 마르는 증세에 좋다.
또한 산모의 젖을 잘 나오게 하는 효과도 있다.

재료

영계 500g, 전복 2마리, 쌀 1컵, 참기름 4큰술, 물 15컵, 후 춧가루 · 소금 약간씩

양념장 청·홍고추 2개씩, 진간장 2큰술, 소금 1작은술, 깨소금 1큰술

50min 355kcal 4인분

1_ 쌀은 씻어서 30분 이상 불린 후 체에 밭쳐 물기를 뺀다.

2_ 전복은 껍데기와 살 사이에 칼끝을 넣어 껍질을 떼고 내장을 제거한 후, 굵은 소금으로 가장자리의 검은 부분까지 비벼서 깨끗이 씻는다.

3_ 닭은 내장을 제거하고 깨끗이 씻어서 날개와 다리 끝 부분을 자른다.

4_ 냄비에 닭을 넣고 물 10컵을 부어 센 불에서 끓이다가 끓으면 약한 불에서 20분간 끓인다. 닭을 건져서 식힌 후 껍질은 빼고 살만 잘게 뜯어 소금, 후춧가루, 참기름을 약간씩 넣고 무친다. 국물은 면포로 걸러 기름기를 제거한다.

5_ 전복은 모양대로 얇게 썰거나 다져 소금과 후춧가루로 간을 약하게 한 후 참기름에 살짝 볶는다.

6_ 볶은 전복에 불린 쌀을 넣고 더 볶다가 닭 삶은 국물을 부어 약한 불에서 서서히 끓인다.

7_ 죽의 농도가 되면 양념한 닭고기를 넣고 푹 뜸을 들인 후 양념장을 만들어 곁들인다.

Part 2

우리 집 밥상에 없어선 안 될 궁극의 국물 요리

국과 찌개

냉이바지락국

풋냉이는 비타민을 많이
함유하고 있어 봄에 피로감을 느낄 때
먹으면 좋다. 냉이의 구수하고 향긋한 향은
입맛을 돌게 하고 소화액의 분비를 도와 소화흡수가
잘 되게 하므로 영양가 이상으로 우리 몸에 좋다.

재료

냉이 200g, 바지락 200g, 쌀뜨물 3컵, 된장 2큰술, 다진
마늘 1큰술, 대파 잎 10cm, 물 1컵, 소금 약간

25min   58kcal   4인분

1_ 냉이는 깨끗이 다듬어 뿌리와 잎 부분을 따로 떼어 낸 후 굵은 것은 반으로 갈라 깨끗이 씻는다.

2_ 끓는 물에 소금을 약간 넣고 냉이를 살짝 데친 후 찬물에 한 번 씻어 물기를 짠다.

3_ 해감한 바지락을 물에 넣고 끓이다가 입이 벌어지면 조개는 건지고, 국물은 깨끗한 면포에 걸러 따로 둔다.

4_ 삶은 조개는 살을 발라 흐르는 물에 씻는다.

5_ 거른 조개 국물을 냄비에 조심히 따라 가라앉은 찌꺼기가 들어가지 않게 하고 쌀뜨물도 붓는다.

6_ 된장을 체에 걸러 냄비에 넣어 우려낸 다음 데친 냉이를 넣어 끓인다.

7_ 냉이의 향이 우러나고 냉이가 부드러워지면 씻은 조갯살과 다진 마늘, 대파 잎을 넣어 간을 맞춘 후 한 번 더 끓여
   낸다.

아욱건새우국

아욱은 '아북'이라고도 하며 일년초 식물로
주로 달걀 모양의 넓은 잎을 식용으로 쓴다.
물기가 많은 곳에서 자라며 시금치보다
단백질이 2배, 지방이 3배, 칼슘은 2배가
더 들어 있으며, 비타민이 고루 들어 있고
알칼리성 식품으로 알려져 있다.

아욱 200g, 마른 새우 30g, 된장 1큰술, 고추장 1작은술,
쌀뜨물 5컵, 다진 마늘 2작은술, 대파 5cm 1대, 국간장
약간

30min 41kcal 4인분

1_ 아욱은 억센 줄기를 줄기 끝 쪽에서 조금 꺾어 껍질을 벗긴다.

2_ 손질한 아욱은 많이 주물러서 푸른 물이 빠지게 깨끗이 여러 번 씻는다.

3_ 마른 새우는 수염을 떼고 손질을 한다.

4_ 쌀뜨물을 냄비에 붓고 된장과 고추장을 풀어 넣고 끓인다.

5_ 국물이 끓으면 손질한 아욱과 마른 새우를 넣어 아욱이 부드러워지고 맛이 들 때까지 끓인다.

6_ 끓으면 다진 마늘과 2cm 길이로 어슷 썬 대파를 넣는다.

7_ 마지막으로 국간장을 넣어 간을 맞춘 후 조금 더 끓인다.

배추꼬리국

예전에는 배추 뿌리를 '배추꼬리'라 하였다. 김장 하고 남은 배추 뿌리는
한겨울 간식거리로 먹었는데 주로 생으로 된장을 찍어 먹거나 깍두기처럼
김치를 담가 먹었다. 몸이 오싹거리면서 떨리고 열이 나며 두통이 날 때
배추 뿌리와 생강, 흑설탕을 넣고 끓인 물을 마시면 효과를 본다고 한다.

재료

배추꼬리 3개, 배추 100g, 소고기 100g, 대파 1/2뿌리, 된장 1큰술, 쌀뜨물 5컵, 국간장·소금 약간씩

1_ 배추꼬리는 껍질을 깎아 깨끗이 씻은 후 두께 0.3cm로 나박썰기 하고, 배추는 깨끗이 씻어 세로로 3등분 하여 5~6cm 길이로 자른다.

2_ 소고기는 배추꼬리 크기로 썰고 대파는 깨끗이 씻은 후 얇게 어슷썰기 한다.

3_ 쌀뜨물에 된장을 체에 밭쳐 푼다.

4_ 냄비에 된장물과 소고기, 배추꼬리, 배추를 넣고 중간 불에서 된장맛이 들고 부드러워질 때까지 푹 끓인다.

5_ 대파를 넣고 국간장과 소금으로 간을 맞춘 후 한소끔 더 끓인다.

출출할 때 허기를 달래 주는 고향의 별미

메밀묵국

메밀은 물에 녹기 쉬운 단백질인 리신과 트립토판 같은
필수 아미노산이 함유된 우수한 식품이다.
껍질과 식물체의 잎, 꽃, 줄기, 뿌리 등에 루틴 성분과 단백질, 비타민, 미네랄 성분이
많이 함유되어 있다는 것이 알려져 건강식과 약용으로 사용되고 있다.

메밀묵 400g, 신김치 200g, 김가루 4큰술, 달걀 2개, 깨
소금 1/2큰술, 참기름 1큰술, 국간장 1작은술, 소금 약간
멸치 다시마 육수 멸치 100g, 물 6컵, 다시마 10cm 1장

Essential Tip

1. 메밀묵은 너무 희지 않고, 눌러 보아 탄력이 있으
   며, 껍질이 있는 것이 맛이 구수하고 좋아요.
2. 메밀묵을 그릇에 담을 때 끓는 멸치 육수에 우동
   을 말듯이 몇 번 적셔 담으면 더 따뜻해요. 또 여
   름에 시원하게 먹을 때는 육수를 냉장고에 넣었
   다가 먹으면 좋아요. 신김치 대신 양념간장을 끼
   얹어 먹어도 되고요.

 20min  114kcal  4인분

1_ 멸치는 머리와 내장을 빼내고, 다시마는 젖은 면포로 이물질을 제거한 후 멸치와 함께 냄비에 담아 분량의 물을 붓
고 끓이다가, 거품이 생기면 제거한 후 불을 낮추고 서서히 끓여 체에 거른다.

2_ 체에 거른 멸치 다시마 육수에 국간장과 소금을 넣어 간을 맞춘다.

3_ 메밀묵은 나무젓가락 굵기로 채 썬다.

4_ 신김치는 송송 썰어 참기름과 깨소금으로 무치고, 달걀은 노른자와 흰자로 나누어 지단을 부쳐 채 썬다.

5_ 채 썬 메밀묵을 그릇에 담고 양념한 신김치, 김가루, 황백 지단을 모양 있게 돌려 담는다.

6_ 간을 한 멸치 다시마 육수를 다시 팔팔 끓여 메밀묵을 담은 그릇의 한쪽 옆에 가만히 붓는다.

감자옹심이국

옹심이란 '새알심'의 강원도 방언으로, 감자옹심이국은 감자 전분 반죽을
수제비처럼 끓이는 강원도 지방의 향토 음식을 말한다. 강원도 지방에서는
멥쌀이나 찹쌀, 밀가루보다는 감자를 중심으로 밭작물과 산채를 이용한
소박한 음식이 발달했는데 감자옹심이국도 그중 하나이다.

감자 1kg, 애호박 200g, 부추 30g, 소금 1/2큰술, 국간장
약간

멸치 다시마 육수 멸치 30g, 다시마 10cm 1장, 물 6컵

양념간장 고춧가루 1/2큰술, 깨소금·다진 파·다진 마늘
1작은술씩, 국간장 3큰술, 청·홍고추 2개씩, 참기름 2작
은술

1. 감자는 잘 익은 것을 골라야 녹말이 많이 나와 맛
   이 쫄깃해요.
2. 옹심이 반죽을 좀 더 크게 하여 속에다가 썬 김치
   를 양념하여 소로 넣고 만두처럼 빚으면 감자만두
   가 돼요. 또 콩이나 팥을 넣으면 감자송편이 돼요.

30min   **217kcal**   **4인분**

1_ 감자는 큰 것으로 골라 껍질을 벗겨 깨끗이 씻은 후 맑은 물에 담가 변색을 막는다.

2_ 냄비에 분량의 육수 재료들을 넣고 중간 불에서 20분 정도 끓인 후 건더기는 건진다. 감자 하나를 세로로 4등분 하
여 은행잎 모양으로 썰어 육수에 넣고 약한 불에서 부드럽게 무르도록 끓인다.

3_ 깎아 놓은 여분의 감자를 강판에 간 후 면포로 꼭 짜 국물은 버리지 말고 그대로 두어 녹말을 가라앉힌다.

4_ 감자의 녹말이 가라앉으면 윗물을 버리고 건더기에 소금 간을 하여 잘 주무른 후 새알심 크기로 빚는다.

5_ 청·홍고추는 씨를 제거하고 굵게 다져서 분량의 재료들을 넣고 양념간장을 만든다.

6_ 육수가 끓으면 감자가 부드러워져 떠오를 때까지 끓인 후, 새알심 크기로 빚은 감자옹심이를 넣고 끓인다.

7_ 옹심이가 떠오르면 애호박과 부추를 5cm 길이로 썰어 넣고 끓이면서 국간장과 소금으로 싱겁게 간을 맞춘 후 양념
간장을 곁들여 낸다.

찹쌀옹심이미역국

해초는 바닷물의 중요한 합성물을 용해한다. 미역이 섭취한 풍부한
미네랄은 유기적인 콜로이드 성분이므로 인체로 빨리 이동되며,
다른 식품보다 더 많이 체내에 흡수된다고 한다.
골절 환자들이 미역을 매일 일정량 먹게 되면 혈액 속의 칼슘을
끌어올려 치료 기간이 20% 앞당겨진다고 한다.

청정 마른 미역 15g, 멸치 육수 6컵, 불린 찹쌀가루 1컵, 끓는 물 3큰술, 참기름 1/2큰술, 다진 마늘·국간장 1큰술씩, 소금 약간

 **20min**  **766kcal**  **4인분**

1_ 마른 미역은 물에 담가 살짝 불린 후 여러 번 박박 주물러서 깨끗이 씻어 건진 다음 5cm 길이로 잘라 물기를 뺀다.

2_ 불린 찹쌀가루는 끓는 물에 익반죽하여 새알심 모양으로 빚는다.

3_ 참기름을 두른 냄비에 손질한 미역을 넣고 센 불에서 잠깐 볶다가 다진 마늘과 국간장을 넣고 간이 배게 충분히 볶는다.

4_ 볶은 미역에 멸치 육수 3컵을 먼저 넣고 끓이다가 뽀얀 색이 되면 나머지 육수를 넣고 다시 끓인다.

5_ 미역국이 끓기 시작하면 불을 낮추어 약한 불로 끓이다가 미역이 부드러워지고 맛이 들면 찹쌀 새알심을 넣는다.

6_ 새알심이 떠오르면 소금으로 간을 맞춰 그릇에 담아 낸다.

시원한 조개 국물이 끝내주는

모시조개국

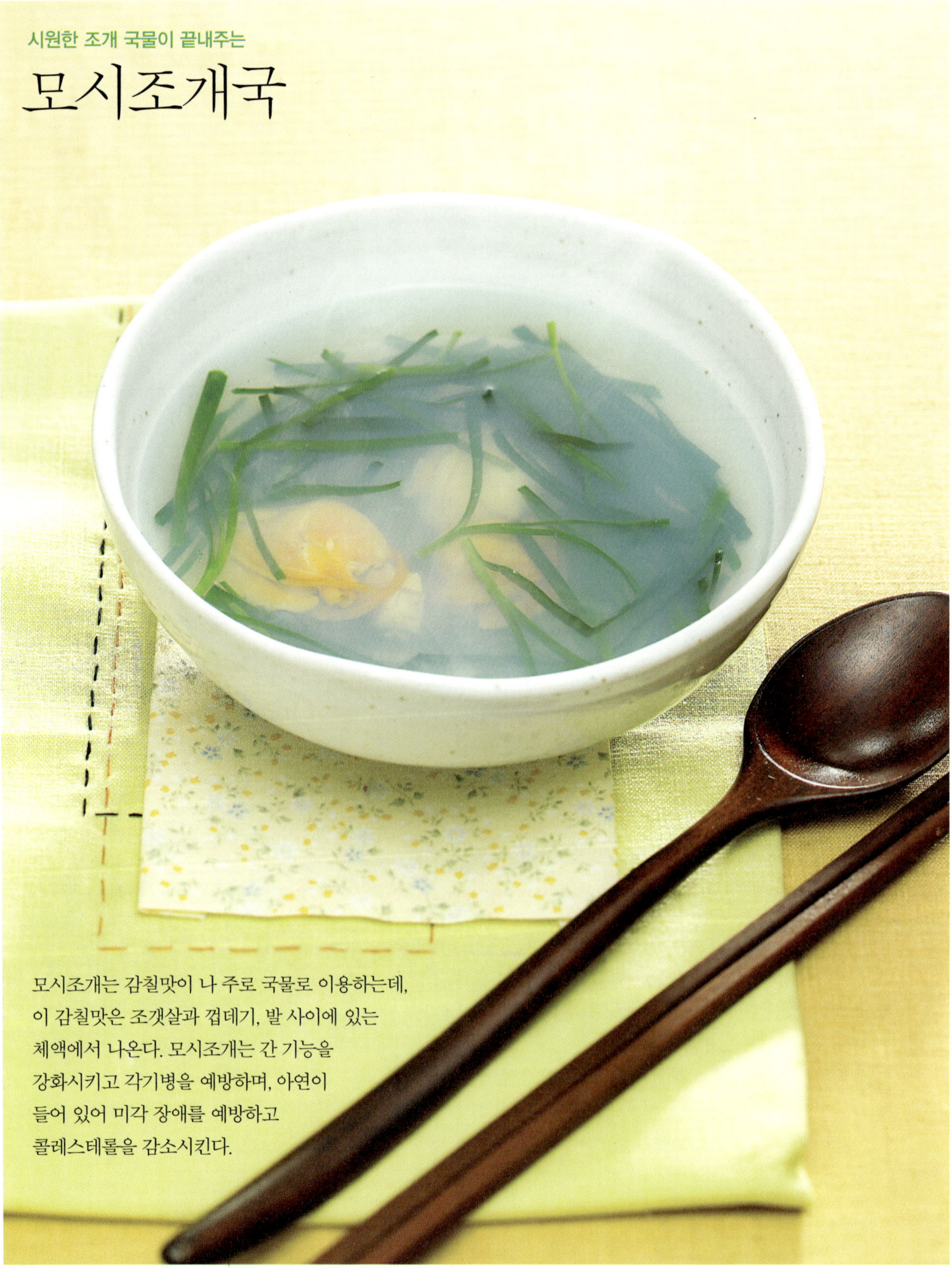

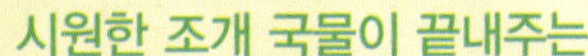

모시조개는 감칠맛이 나 주로 국물로 이용하는데, 이 감칠맛은 조갯살과 껍데기, 발 사이에 있는 체액에서 나온다. 모시조개는 간 기능을 강화시키고 각기병을 예방하며, 아연이 들어 있어 미각 장애를 예방하고 콜레스테롤을 감소시킨다.

모시조개 300g, 부추 100g, 물 5컵, 소금 약간

20min 56kcal 4인분

1_ 해감한 모시조개는 박박 문질러 깨끗이 씻는다.

2_ 부추는 흙과 잡티를 털어 내고 다듬어서 깨끗이 씻은 후 5cm 길이로 썬다.

3_ 냄비에 분량의 물을 붓고 손질한 모시조개와 소금을 약간 넣어서 삶는다.

4_ 모시조개가 입을 벌리기 시작하면 바로 건져 낸다.

5_ 삶은 모시조개는 살을 빼내어 물에 한 번 씻은 후 그릇에 담아 둔다.

6_ 모시조개 삶은 국물은 잠깐 두었다가 면포에 거른다.

7_ 냄비에 거른 국물을 붓고 다시 끓이다가 손질한 부추를 넣는다

8_ 부추를 넣고 바로 소금으로 간을 맞추어 한 번 끓으면 모시조갯살을 담은 그릇에 담아 낸다.

김국

김은 예전에는 비타민이 부족한 겨울에 비타민 공급원으로서
중요한 역할을 하였고, 독특한 향미 성분으로 입맛이 없는
노인이나 어린이, 환자 등의 식욕을 돋우는 역할도 했다.
김은 신체의 에너지 대사에 관여하는 요오드 성분이 풍부하며
동맥경화를 방지하는 성분도 있다고 한다.

마른 김 30g(또는 생김 100g), 생굴 100g, 다시마 10cm 1장(물 4컵), 대파 잎 20g, 다진 마늘 1/2큰술, 깨소금 1작은술, 국간장 약간

1. 마른 김은 짙은 검은색에 윤기가 나며, 얇고 부드러우면서 파래가 약간 섞여 있는 것이 좋아요.
2. 시중에서 구입하기 어렵지만, 생김으로 조리하면 맛이 시원하고 향긋해 더 좋아요.

20min 65kcal 4인분

1_ 마른 김은 날려굽기를 하여 비린내를 제거한다.

2_ 굴은 끈적거림이 없도록 소금물에 깨끗이 씻어 물기를 뺀다.

3_ 다시마는 겉의 불순물을 닦아 내고 물에 담가 1시간 이상 두었다가 건진다.

4_ 냄비에 다시마 우린 물을 부어 끓이다가 굴을 넣고 끓인다.

5_ 굴이 떠오르면 구운 김을 넣는다.

6_ 김이 퍼지면서 풀리면 어슷 썬 대파, 다진 마늘, 깨소금을 넣고 국간장으로 간을 맞춘 다음 한 번 더 끓여서 낸다.

가지냉국

가지는 맛이 달고 차며 독이 없으나, 몸이 찬 사람이 오래 먹으면
복통과 설사를 유발하고 기침을 하는 사람은 기침이 더 심해질 수 있다.
그러나 열을 내리게 하고 혈액순환을 도우며 통증을 멎게 하고 붓기를 빼는 효능이 있다.

재료

가지 3개(300g), 청고추 1개, 홍고추 1/2개, 실파 3뿌리, 얼음 2컵, 소금 약간

육수 소고기(양지머리) 200g, 무 50g, 양파 1/2개, 파 1뿌리, 생강 1쪽, 물 6컵

가지 양념 국간장 1큰술, 다진 파·참기름 2작은술씩, 다진 마늘·소금 1작은술씩, 흰 후춧가루 약간

Essential Tip

1. 가지는 9월경에 단맛이 강하고 맛있어요. 고를 때 색이 진하고 윤기가 나며 씨가 적은 것을 고르세요.
2. 가지의 껍질을 벗기지 않고 조리하면 영양 면에서는 도움이 될 수 있지만 색과 맛이 떨어져요. 국물에 식초를 넣으면 색다른 맛을 즐길 수 있어요. 이때 단맛이 느껴지지 않을 정도로 설탕을 아주 약간만 넣어 주는 것이 훨씬 맛이 좋아요.

 30min
 114kcal
 4인분

1_ 가지는 깨끗이 씻어서 꼭지는 잘라 내고 껍질을 벗겨 세로로 4등분 한다.

2_ 양지머리는 물에 담가서 핏물을 뺀 후 냄비에 담아 무, 양파를 넣고 물을 부어 중간 불에서 서서히 끓인다. 고기가 흐물흐물할 정도가 되면 육수가 우러나온 것이므로 식혀서 면포에 걸러 냉장고에 차게 둔다.

3_ 김이 오르는 찜통에 가지를 넣고 약 5분간 파랗게 쪄서 식힌 후 젓가락 굵기로 찢는다.

4_ 찢은 가지에 분량의 양념 재료들을 넣고 버무린다.

5_ 실파는 깨끗이 다듬어 씻어서 송송 썰고, 청·홍고추는 길게 2등분 하여 씨를 제거한 후 굵게 다져서 양념한 가지에 넣는다.

6_ 그릇에 무친 가지를 담고 얼음과 차갑게 식혀 둔 육수를 부은 후 젓는다.

7_ 입맛에 맞게 소금 또는 국간장으로 간을 맞춘다.

미역냉국

미역은 맛이 짜고 차며 독이 없다. 산모가 미역국을 먹기 시작한 것은 고래가 새끼를 낳은 뒤
미역 밭에 가 미역을 따 먹으면서 산후 상처를 낫게 하는 것에서 유래되었다고 전해진다.
미역은 심장병에 유효하며, 혈압을 내리고, 모발이 빠지는 것을 방지한다.
또한 버섯 독을 중화시키는 효과도 있다.

불린 미역 100g, 오이 1/2개, 소금 약간
미역 양념 국간장 1.5큰술, 다진 파 1작은술, 다진 마늘
1/2작은술
육수 다시마 10cm 1장, 무 50g, 표고버섯 2장, 물 6컵
육수 양념 설탕 1/2작은술, 식초 · 국간장 약간씩

20min　**68kcal**　**4인분**

1_ 불린 미역은 깨끗이 씻어 5cm 길이로 자른 후 국간장, 다진 파와 마늘을 넣고 무쳐 냉장고에 차게 보관한다.

2_ 오이는 소금으로 껍질을 문지르고 칼로 가시를 제거한 후 깨끗이 씻어 채 썬다.

3_ 다시마, 무, 표고버섯을 깨끗이 손질한 후 물 6컵을 붓고 끓여서 4컵이 될 때까지 서서히 졸인 다음, 건더기는 건지고 국물은 체에 거른다.

4_ 거른 국물에 설탕, 식초, 국간장으로 간을 하여 냉동실에 살얼음이 생길 정도로 둔다.

5_ 차게 한 미역과 채 썬 오이에 냉동실에서 보관한 국물을 부어 건더기와 국물의 농도를 맞춘다.

6_ 소금으로 간을 맞춘 후 그릇에 담아 낸다.

명란호박젓국찌개

명태는 1~2월이 산란기이므로 산란 전에 명태를 잡으면
신선한 명란을 얻을 수 있다. 명란의 신선도는 눈으로 보았을 때
겉면이 탱글탱글하고 알이 꽉 차 보이는 것이 좋고,
밝고 진한 분홍색을 띠는 것이 좋다.
명란젓에는 비타민이 함유되어 있고 국물 맛을 내는
효소가 있어서 국이나 찌개에 넣고 끓이면
시원하고 구수한 맛을 낸다.

명란젓 200g, 애호박 1/2개, 두부 100g, 홍고추 1개, 대파 1/2뿌리, 다진 마늘 1작은술, 다진 생강 1/2작은술, 물 4컵, 새우젓·소금 약간씩

Essential Tip

1. 시중에 나와 있는 명란젓 중에는 발색제와 착색제를 넣어 신선도를 유지하는 것도 있으므로 구입 시 주의하세요.
2. 명란호박젓국찌개는 너무 오래 끓이지 않는 것이 좋으며 부재료로 바지락살, 소고기, 양파 등을 넣어도 맛이 진해지고 좋아요. 또 호박 대신 무를 넣고 끓일 때는 썬 무에 명란젓을 터뜨려 고루 무친 후 끓이면 더 맛이 좋아요.

 **25min**  **77kcal**  **4인분**

1_ 양념이 잘 되어 있고 알이 통통한 명란젓을 구입하여 2cm 길이로 자른다.

2_ 애호박은 깨끗이 씻은 후 2cm 길이로 자르고 지름으로 반을 잘라 사각형으로 도톰하게 썰고, 두부는 애호박과 같은 크기로 썬다.

3_ 홍고추는 어슷 썬 후 물에 씻어 씨를 제거하고, 대파도 어슷 썬다.

4_ 뚝배기에 분량의 물을 붓고 애호박과 새우젓을 넣고 끓이다가 애호박이 맑은 색이 되면 다진 마늘, 다진 생강과 명란젓을 넣는다.

5_ 찌개가 끓으면 썰어 놓은 두부를 넣고 한소끔 더 끓인다.

6_ 홍고추와 대파를 넣고 소금으로 간을 한 후 한 번 더 끓여 낸다.

논우렁된장찌개

논우렁은 논이나 못에 살며, 이른 봄 살얼음을 깨고 논바닥의 조그마한 구멍에
손을 넣어 잡기도 한다. 단백질 함량이 높고 지방이 적어 맛이 담백하다.
칼슘과 철분이 많아 골격 형성을 도와 주고 각기병 예방에 좋으며
간의 열을 내리고 소변을 잘 나오게 한다.

재료

논우렁 100g, 감자 100g, 청·홍고추 1개씩, 두부 50g,
된장 2큰술, 대파 10cm 1대, 다진 마늘 1큰술, 고춧가루
1작은술, 물 2컵, 소금 약간

25min **55kcal** **4인분**

1_ 해감한 우렁은 흐르는 물에 깨끗이 씻어 건져 꽁지 쪽을 가위로 자른다.

2_ 냄비에 찬물을 붓고 우렁을 넣어 삶는다.

3_ 삶은 우렁은 꼬치로 속살을 빼낸다.

4_ 감자는 껍질을 벗겨 물에 한 번 씻어 깍둑썰기 하고, 두부도 감자 크기에 맞춰 깍둑썰기 한다.

5_ 청·홍고추는 모양대로 0.5cm 두께로 송송 썰어 물에 한 번 씻어 씨를 빼낸다. 대파도 같은 모양으로 썬다.

6_ 뚝배기에 분량의 물을 붓고 된장을 푼다.

7_ 된장 푼 물에 감자를 넣고 끓이다가 두부, 청·홍고추, 대파, 우렁을 넣고 끓인다.

8_ 끓이다 생기는 거품은 걷어 내고 다진 마늘, 고춧가루, 소금을 넣어 간을 맞춘다.

청국장찌개

청국장은 콩을 삶아 따뜻한 곳에 2~3일 동안 두고 발효해 만든
식품으로, 여러 재료들을 넣고 찌개로 끓이면 구수하고 맛이 좋다.
식욕이 없을 때 한 숟가락 떠서 밥 위에 얹어 쓱싹 비벼 먹으면
그 어떤 요리도 부럽지 않다.

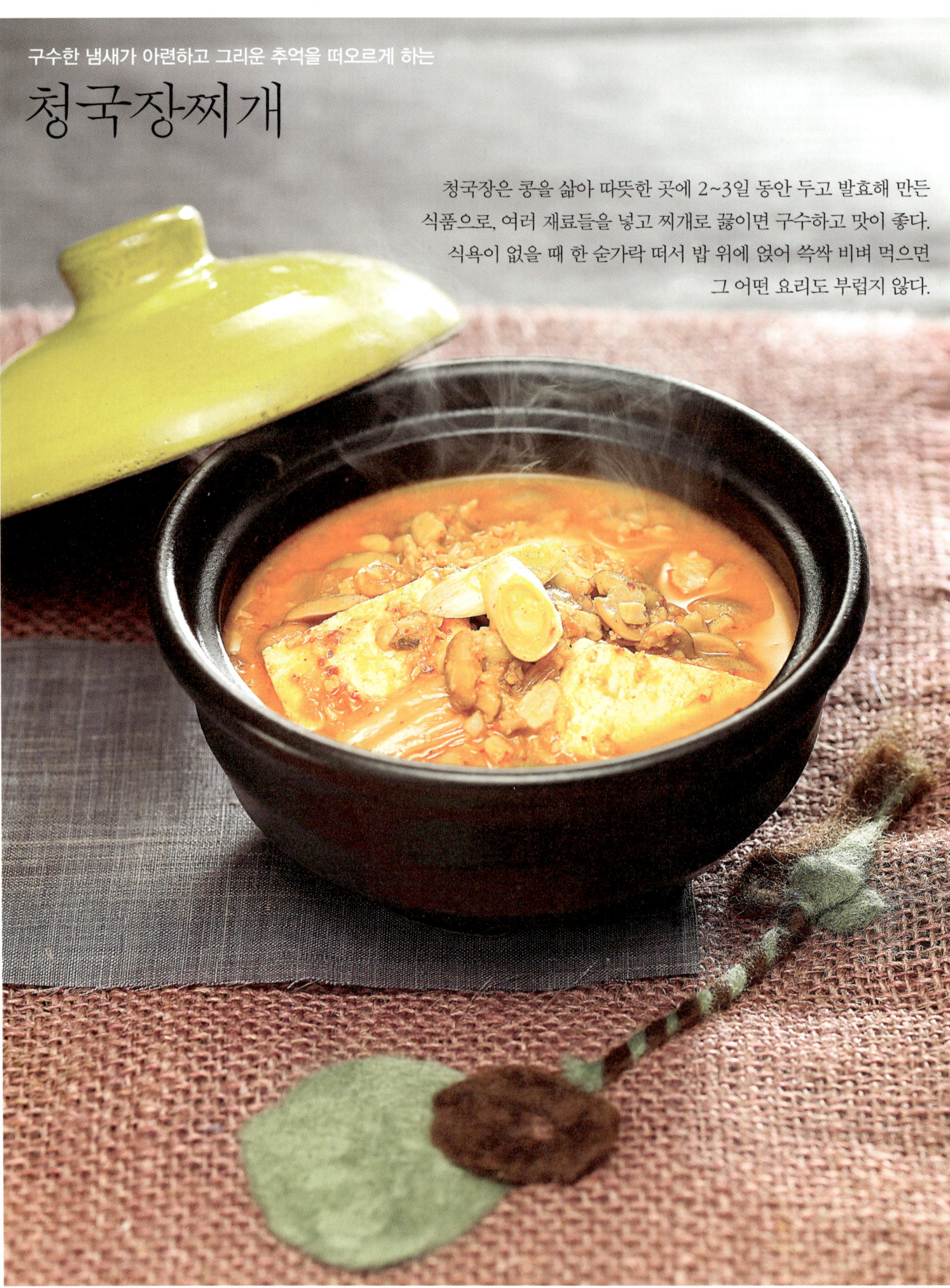

청국장 5큰술, 소고기·두부 100g씩, 배추김치 50g, 대파
30g, 다진 마늘 2작은술, 물 1컵, 올리브유 1/2큰술, 소금
약간

30min　102kcal　4인분

1_ 소고기를 곱게 채 썰어 뚝배기에 넣는다.

2_ 배추김치는 2cm 길이로 썰어 뚝배기에 넣는다.

3_ 뚝배기에 올리브유를 두르고 센 불에서 살짝 볶는다.

4_ 소고기가 하얗게 볶아지면 분량의 물을 붓고 청국장을 넣어 끓이다가 끓기 시작하면 약한 불로 줄인다.

5_ 김치가 푹 무르면 두부를 손바닥 위에서 대충 썰어 넣는다.

6_ 두부가 부드러워지면 다진 마늘과 대파를 송송 썰어 넣고 간을 본 후 싱거우면 소금으로 간을 맞춘다.

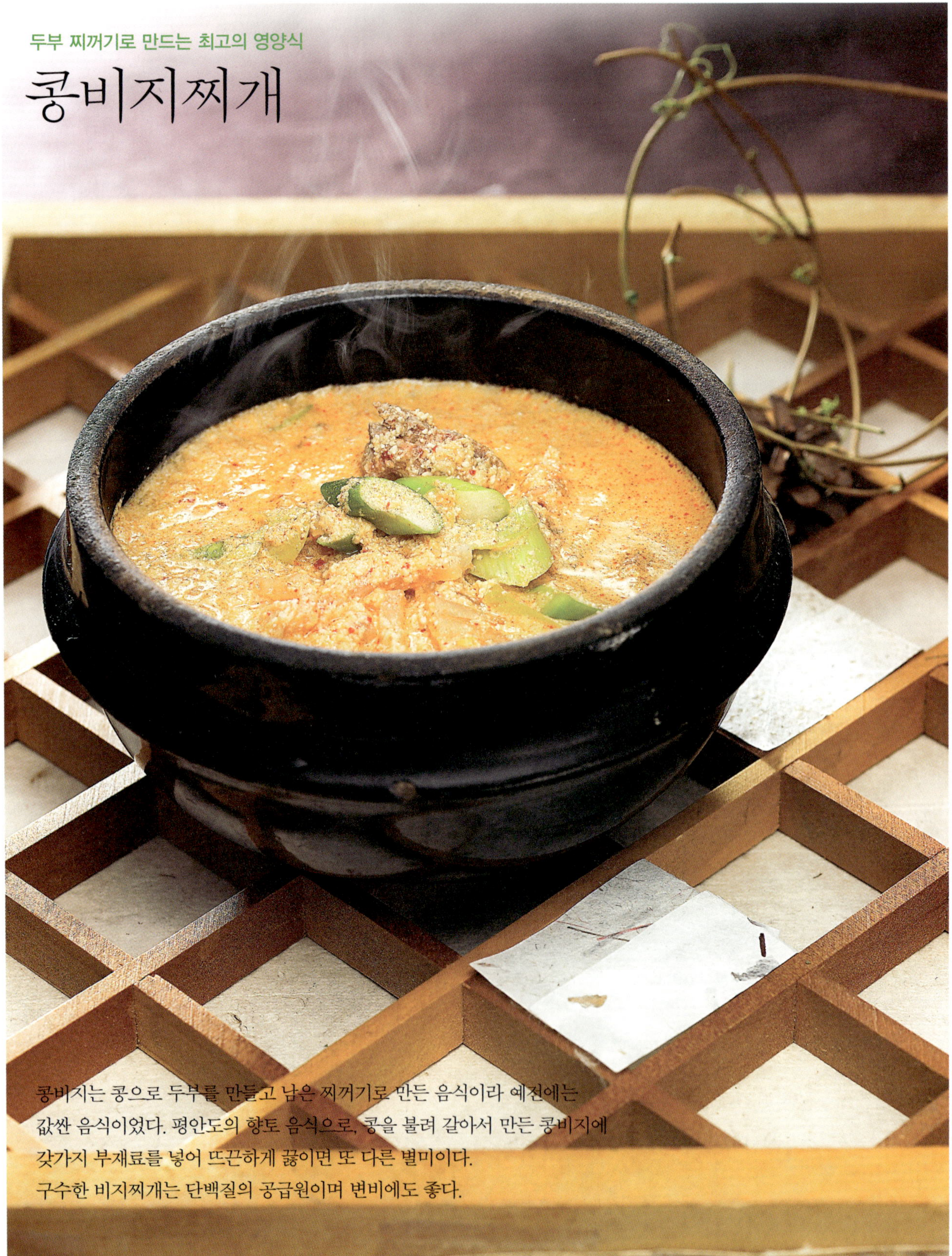

콩비지찌개

콩비지는 콩으로 두부를 만들고 남은 찌꺼기로 만든 음식이라 예전에는
값싼 음식이었다. 평안도의 향토 음식으로, 콩을 불려 갈아서 만든 콩비지에
갖가지 부재료를 넣어 뜨끈하게 끓이면 또 다른 별미이다.
구수한 비지찌개는 단백질의 공급원이며 변비에도 좋다.

재료

흰콩 1컵, 물 5컵, 돼지갈비 300g, 배추김치·무 100g씩,
대파 1/2뿌리, 새우젓 약간, 올리브유 1큰술

30min **250kcal** **4인분**

1_ 흰콩은 깨끗이 씻어 물 3컵에 3시간 이상 불린 후 믹서에 곱게 간다.

2_ 돼지갈비는 물에 담가 핏물을 빼고 중간 중간 칼집을 넣는다.

3_ 배추김치는 속을 털어 낸 후 3cm 길이로 자르고 무는 젓가락 굵기로 채 썬다.

4_ 냄비에 올리브유를 두르고 돼지갈비와 김치를 넣어 볶다가 물 2컵을 넣고 끓인다.

5_ 갈비가 부드럽게 익으면 무채와 콩 간 것을 넣고 은근히 끓이다가 구수한 맛이 나면 새우젓으로 간을 한다.

6_ 깨끗이 씻은 대파를 어슷썰기 하여 넣은 후 잠깐 더 끓인다.

꽁치김치찌개

꽁치에는 단백질이 많고 소고기보다
비타민, 칼슘, 지방이 몇 배나 더 많다고 한다.
늦가을부터 초겨울에 잡은 꽁치는 다른 계절에 비하여
지방의 함량이 10~20% 정도 높고 불포화지방산이 높아
노인에게 좋은 식품이며, 콜레스테롤 증가를 억제하고
성인병, 암 예방, 노화 방지 등에 좋다.

생꽁치 2마리(200g), 김치 300g, 두부 100g, 물 3컵, 대파 1뿌리, 설탕 1작은술, 다진 마늘 1/2큰술, 올리브유 2큰술, 후춧가루 · 소금 약간씩

Essential Tip

1. 꽁치는 살이 통통하게 오르고 주둥이 주변이 노란 색을 띤 것이 기름이 올라 맛있고, 수컷보다 암컷이 더 맛있어요.
2. 김치로 끓이는 찌개는 볶는 것을 잘해야 맛있게 만들 수 있어요. 통조림 꽁치를 사용할 때는 생강과 술을 조금 넣고 뚜껑을 열고 끓여야 특유의 냄새를 제거할 수 있어요.

 25min
 125kcal
 4인분

1_ 생꽁치는 비늘을 긁고 머리를 잘라 내장을 제거한다.

2_ 내장을 제거한 꽁치는 3등분 한 후 깨끗이 씻어 채반에 건져 물기를 뺀다.

3_ 김치는 속을 털어 내고 머리를 자른 후 3cm 길이로 자른다.

4_ 두부는 1cm 두께로 김치와 비슷한 크기로 자른다.

5_ 냄비에 올리브유를 둘러 달군 후 썬 김치와 설탕을 넣고 볶는다.

6_ 김치가 적당히 볶아지면 물을 붓고 손질한 꽁치를 넣어 끓인다.

7_ 김치와 꽁치가 부드러워지면 두부를 넣고 다진 마늘과 후춧가루를 넣어 끓인다.

8_ 끓으면 대파를 깨끗이 씻어 어슷썰기 하여 넣고 소금으로 간을 맞춘 후 조금 더 끓인다.

부대찌개

주한미군들에게 보급되는 군수품인 햄, 소시지 등의 유통기한이 지나면
대체로 자동 폐기했는데, 이 중에서 민간인에게 몰래 빼낸 고기를
부대고기라고 부르고, 그 부대고기로 끓인 찌개를 부대찌개라고
했다. 떡, 두부, 햄 등 다양한 재료들을 한 번에 골고루
맛보는 재미가 있다.

재료

햄 200g, 소시지·김치 100g씩, 두부·애호박·시판 떡국
용 떡 50g씩, 쑥갓 20g, 대파 30g, 사골 육수 3컵, 고추장
(또는 고추장볶음)·다진 마늘 1큰술씩, 소금·후춧가루
약간씩

양념장 당근·오이·양파 40g씩, 무 20g, 고춧가루 3큰술,
소주 1/2컵

30min　192kcal　4인분

1_ 햄은 먹기 좋은 크기로 자르고, 소시지는 어슷 썬다.

2_ 김치는 5cm 길이로 썰고, 두부는 2×3cm 크기로 두툼하게 썬다.

3_ 애호박은 세로로 반을 잘라 0.5cm 두께의 반달 모양으로 썰고, 쑥갓은 깨끗이 씻어 손으로 적당히 자르고, 대파는
0.7cm 두께로 어슷 썬다.

4_ 당근, 오이, 양파, 무를 간 후 여기에 고춧가루와 소주를 넣고 섞어 양념장을 만든다. 양념장은 2~3일 동안 실온에서
발효시킨다.

5_ 찌개 냄비 가운데에 양념장 2큰술과 고추장을 넣고 애호박, 김치, 떡, 햄, 소시지, 두부를 돌려 담는다.

6_ 사골 육수를 붓고 끓인다.

7_ 찌개가 끓으면 다진 마늘과 쑥갓, 대파를 넣고 한소끔 더 끓인 후 후춧가루와 소금으로 간을 맞추어 낸다.

물오징어찌개

오징어에는 소고기의 3배 이상의 단백질이 들어 있다. 인산의 함량이
지나치게 많은 강한 산성 식품이므로 채소를 곁들여 먹어야 한다.
오징어의 먹물이 항암 효과가 있다고 하여 면 종류 음식에
검은색을 낼 때 많이 이용하기도 한다.

물오징어 3마리, 소고기(우둔살) 100g, 애호박 1개, 청·
홍고추 2개씩, 대파 1/2뿌리, 쑥갓 50g, 물 4컵, 다시마
10cm 1장, 고추장·다진 마늘·국간장·참기름 1큰술씩,
소금 약간

30min   193kcal   4인분

1_ 오징어는 귀가 붙은 반대편의 배를 반으로 갈라 내장을 빼내고, 다리에 붙은 내장도 제거한다. 껍질은 굵은소금으로
벗기고, 몸과 다리를 깨끗이 씻는다.

2_ 오징어의 몸통은 내장이 있던 쪽에 칼로 솔방울 무늬를 넣어서 3×4cm 크기로 썰고, 다리는 5cm 길이로 자른다.

3_ 애호박은 깨끗이 씻어서 세로로 2등분 하여 반달썰기로 도톰하게 썰고, 소고기는 곱게 채 썬다. 청·홍고추와 대파
는 어슷 썰고, 쑥갓은 5cm 길이로 잘라 다듬는다.

4_ 다시마는 마른 면포로 닦은 후 물 4컵에 30분 이상 담가 국물을 만든다.

5_ 냄비에 참기름을 두른 후 소고기를 넣고 볶다가 다시마물을 붓는다.

6_ 여기에 고추장을 풀고 애호박을 넣고 끓이다가 호박에 맑은 색이 나기 시작하면 오징어를 넣고 끓인다.

7_ 오징어가 뽀얗게 되면 다진 마늘과 대파, 청·홍고추를 넣고 한소끔 더 끓인 후 국간장과 소금으로 간을 맞춘 다음
불을 끄고 쑥갓을 넣는다.

갈비우거지탕

가을에 김장을 담그거나 무, 배추를 이용하다 보면 겉잎들이 많이 남는다.
무·배춧잎은 억세고 뻣뻣한 겉대를 통째로 말려 삶거나 그냥 삶아서 쓰기도 하고
생으로 절여 김치 위에 덮개로 사용하기도 하는데 이것을 우거지라고 한다.
우거지에는 칼슘, 철, 식이섬유가 많아 간암 억제 효능이 있고 당뇨에도 좋다.

소갈비 1kg, 우거지 250g, 콩나물 150g, 실파 5뿌리, 대파 1/2뿌리, 홍고추 1개, 된장 2큰술, 다진 마늘·국간장 1/2큰술씩, 소금 약간

소갈비 육수 마늘 4쪽, 대파 1뿌리, 생강 1/2쪽, 통후추 1작은술, 물 10컵

40min · **766kcal** · **4인분**

1_ 소갈비는 알맞은 길이로 잘게 토막 내고 겉에 붙어 있는 흰 기름을 떼어 낸 후 찬물에 담가 핏물을 뺀다. 끓는 물에 넣고 끓이다가 끓어오르면 처음 물은 따라 버리고 하나씩 깨끗이 씻는다.

2_ 손질한 갈비에 물 10컵과 얇게 썬 마늘, 대파, 생강, 통후추를 넣고 다시 끓인다.

3_ 갈비가 먹기 좋게 익으면 건져 내고, 육수는 면포로 걸러 기름기를 없앤다.

4_ 끓는 물에 우거지를 넣고 푹 삶은 후 찬물에 담가 냄새를 우려낸 다음 물기를 꼭 짜서 먹기 좋은 크기로 썬다.

5_ 실파는 송송 썰고, 대파는 큼직하게 어슷 썰고, 홍고추도 어슷 썬다.

6_ 콩나물은 꼬리 부분을 떼고 뜨거운 물에 비린내가 안 날 정도로 살짝 데친다.

7_ 데친 콩나물을 썰어 놓은 우거지와 합쳐 된장과 다진 마늘을 넣고 고루 무친다.

8_ 육수에 콩나물 데친 물을 합하여 갈비와 무친 콩나물, 우거지를 함께 넣고 중간 불에서 뭉근히 끓인다. 국물이 우러나고 갈비 살과 뼈가 분리될 정도로 부드러워지면 국간장과 소금으로 간을 한 후 먹기 직전에 실파와 홍고추, 대파를 얹는다.

콜레스테롤은 줄이고, 단백질은 두 배로 높였다

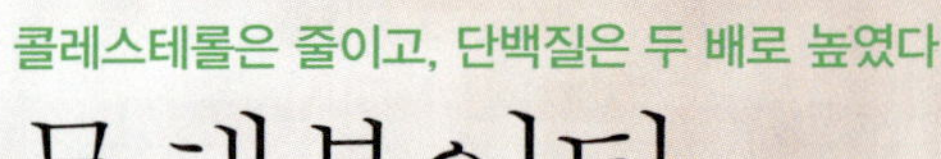

무채북어탕

명태는 말리는 동안 단백질의 양이 두 배로 늘어나 고단백 식품이 된다.
또한 콜레스테롤이 거의 없어 안심하고 먹을 수 있다.
저칼로리 식품으로 다이어트에도 좋으며, 간을 보호하고
간 기능을 향상시켜 피로 회복, 혈압 조절에도 효과가 있다.

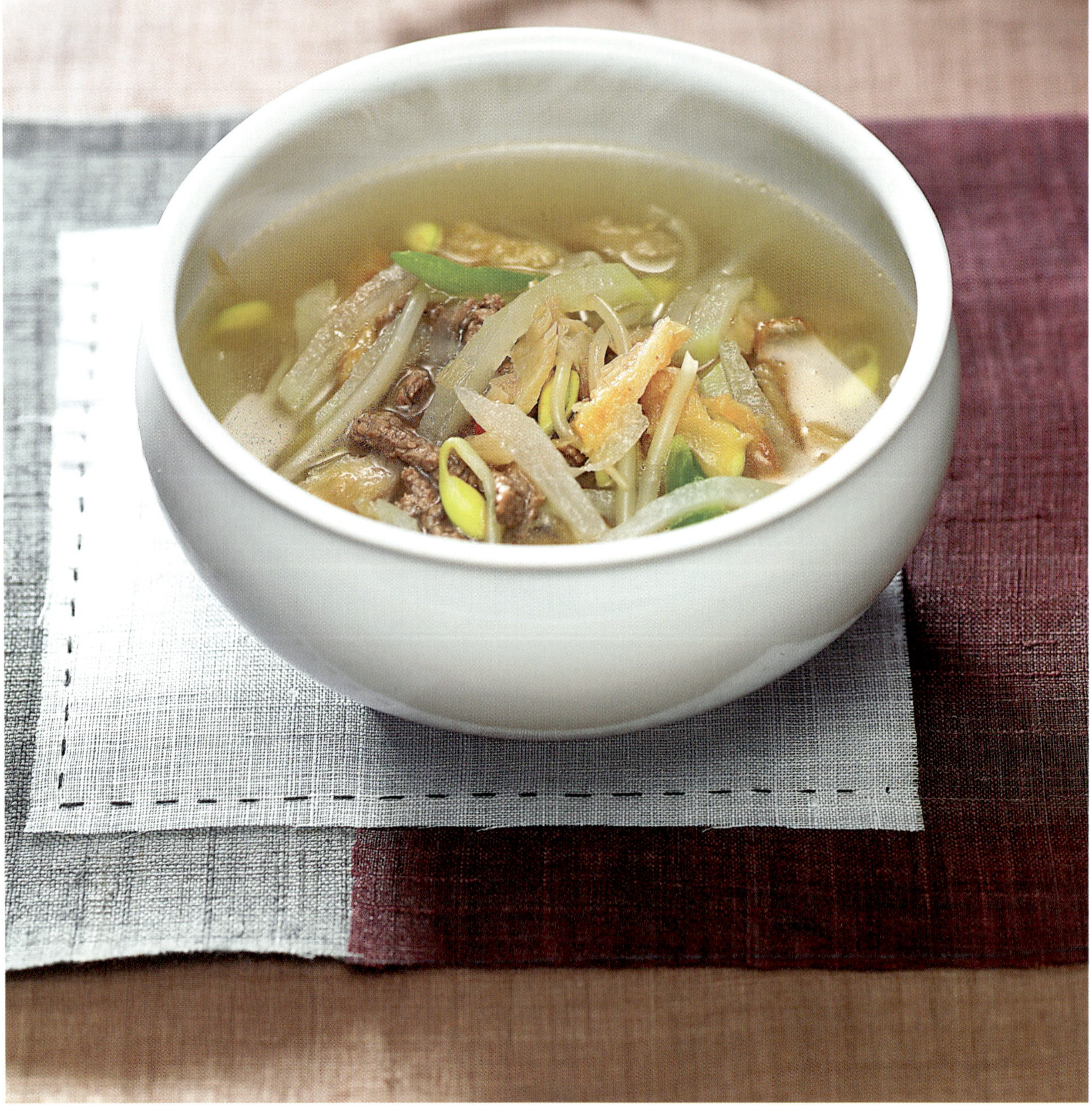

무 200g, 소고기 50g, 콩나물 200g, 북어 1/2마리, 홍고추 1개, 대파 1/2뿌리, 물 5컵, 참기름 1큰술, 국간장·소금 약간씩

Essential Tip

1. 황태는 말리는 즉시 얼려 양분과 맛이 빠져나가지 않고 3개월간 얼었다 녹았다를 되풀이하면서 말린 것이 가장 품질이 좋아요.
2. 시원한 맛을 내려면 소고기를 넣지 말고 북어를 참기름에 볶아 조리하세요. 무는 채로 썰지 않고 나박썰기 해도 괜찮아요.

25min **102kcal** **4인분**

1_ 무는 껍질을 벗기고 깨끗이 씻은 후 젓가락 굵기로 채 썬다.

2_ 소고기는 결대로 가늘게 채 썬다.

3_ 콩나물은 뿌리를 다듬고 씻어서 건져 놓고, 홍고추는 씨를 빼고 잘게 썰고, 대파는 곱게 어슷썰기 한다.

4_ 북어는 뼈를 발라내고 무채 크기만큼 뜯는다.

5_ 냄비에 참기름을 두르고 소고기를 넣어 볶는다.

6_ 소고기가 다 볶아지면 물을 붓고 북어, 무, 콩나물을 넣어 푹 끓인다.

7_ 재료들이 부드러워지면 다진 홍고추와 어슷 썬 대파를 넣고 국간장과 소금으로 간을 맞추어 한소끔 더 끓여 낸다.

생태맑은탕

예로부터 해장식과 영양식으로 애용해온 명태는 말리는 정도에 따라
북어, 황태, 코다리 등으로도 불린다. 명태는 버릴 것이 없는 생선으로
내장에서 쓸개만 버리고 다 먹을 수 있다. 단백질이 풍부하고
지방이 적은 저칼로리 식품이며, 칼슘은 적고 인이 풍부하다.
또한 비타민 A가 대구보다 세 배나 많다고 한다.

생태 500g, 무 200g, 미나리 30g, 청·홍고추 1/2개씩, 다진 마늘 1큰술, 대파 1/3뿌리, 소금·후춧가루 약간씩, 물 3컵

30min　**112kcal**　**4인분**

1_ 생태는 비늘을 긁고 깨끗이 씻어 4cm 길이로 토막을 낸다. 내장, 곤이, 알이 있으면 깨끗이 씻어 놓는다.

2_ 무는 3×4×0.3cm 크기로 썰고, 대파는 깨끗이 씻은 후 0.5cm 두께로 어슷썰기 한다.

3_ 미나리는 다듬어 깨끗이 씻은 후 4cm 길이로 자르고, 청·홍고추는 세로로 반을 잘라 씨를 제거하고 씻은 다음 송송 썰어 다진 것처럼 만든다.

4_ 냄비에 분량의 물을 붓고 소금을 약간 넣은 후 끓으면 무 썬 것을 넣고 무가 맑은 색이 되도록 끓인다.

5_ 무가 다 익으면 생태와 내장을 넣고 생태가 부드러워질 때까지 끓인다.

6_ 미나리, 대파, 청·홍고추, 다진 마늘, 후춧가루를 넣고 소금으로 간을 맞추어 한 번 더 끓인 후 그릇에 담아 낸다.

참게매운탕

민물참게는 '민물게' 혹은 '논게'라 부르며
한자명으로는 '해(蟹)' 또는 '천해(川蟹)'라고 한다.
우리나라의 서해안에서 잡히는 것이 가장 맛있다고 한다.
필수 아미노산이 고르게 들어 있고, 지방 함량이 적어
소화가 잘 되어서 어린이나 노약자에게 좋은 식품이다.

참게 300g, 민물새우 30g, 호박 50g, 양파 50g, 부추 30g,
깻잎 5장, 청·홍고추 1개씩, 된장·다진 파·다진 마늘
1큰술씩, 고추장 1작은술, 국간장 약간, 고춧가루 1/2큰
술, 들깻가루 2큰술, 물 5컵

Essential Tip

1. 매운탕용 참게는 꼭 암게가 아닌 수게여도 맛이
   좋고, 살아 있는 것으로 끓이면 더 맛이 좋아요.
2. 참게는 잡은 것을 바로 구입한 것이라면 이틀 정
   도 해감해서 사용하는 것이 좋고 국물 맛을 진하
   게 할 때는 멸치 육수를 이용하면 좋아요. 또 배
   추시래기를 넣어서 끓이기도 해요.

25min 100kcal 4인분

1_ 참게는 솔로 겉면을 구석구석 잘 씻은 후 삼각딱지와 등딱지를 벌려 떼고 회색 아가미와 모래주머니를 제거한다.

2_ 참게 다리와 몸통은 4등분 정도로 토막을 내고 다리 끝 한 마디는 잘라 낸다.

3_ 민물새우는 깨끗이 씻어 건진다.

4_ 채소들은 모두 깨끗이 씻어 호박은 0.3cm 두께로 반달썰기 하고, 양파는 2cm 두께로 채 썰고 부추는 5cm 길이로
썬다.

5_ 깻잎은 4등분 정도로 손으로 뜯어 놓고 청·홍고추는 1cm 두께로 어슷썰기 한다.

6_ 전골냄비에 손질한 참게, 민물새우, 깻잎을 제외한 채소들을 돌려 담고 물 5컵에 된장, 고추장, 고춧가루를 푼 후 부
어서 끓인다.

7_ 국물이 우러나오고 채소가 무르게 익으면 다진 파와 마늘, 들깻가루를 넣고 끓이면서 국간장으로 간을 맞춘다.

8_ 다 끓으면 깻잎을 넣어 상에 낸다.

허기질 때 생각나는 든든한 한 접시

구이, 조림, 볶음, 찜

대합구이

대합이 가장 맛있는 철은 3~5월 사이다. 단백질이 풍부하고 지방이 적은
저칼로리 식품으로, 아미노산의 양이 많아 고급스럽고 진한 맛을 낸다.
칼슘, 인, 철분도 풍부하고 타우린이 많아 간장 질환을 예방하며,
한방에서는 여성의 질환과 몸의 습을 없애고 혈을 고르게 한다고 한다.

30min　**258kcal**　**4인분**

1_ 해감한 대합을 구입하여 여러 번 씻은 후 대합이 잠길 정도의 물을 붓고 끓이다가 입이 벌어지면 바로 건져 살을 빼낸다.

2_ 껍데기는 깨끗이 씻은 후 물기를 닦는다.

3_ 조갯살은 내장을 제거한 후 모래가 없게 소금물에 깨끗이 씻어 물기를 뺀다.

4_ 냄비에 정종을 두르고 손질한 대합살을 넣어 물기가 없도록 볶듯이 익힌 후 식힌다.

5_ 대합살, 조갯살, 소고기, 두부는 물기를 제거하고 각각 곱게 다진다.

6_ 그릇에 양념을 모두 섞은 후 다진 재료들을 넣고 간이 고루 배도록 치대서 소를 만든다.

7_ 대합 껍데기에 참기름을 바르고 양념한 소를 껍데기 하나에 들어갈 만큼만 떼어 밀가루를 듬뿍 묻히고, 껍데기 속에 꼭꼭 눌러 담으며 껍데기 높이와 같게 만든다.

8_ 달걀을 풀어서 소를 넣은 대합 위에 바르고 미나리 잎을 뜯어 보기 좋게 붙인다.

9_ 팬이 따뜻해지면 올리브유를 두르고 소를 넣은 대합을 엎어서 속이 익을 때까지 지진 후 다시 뒤집어 굽는다.

더덕구이

더덕에는 지방, 비타민, 탄수화물, 단백질 등이 고루 들어 있고,
칼륨과 칼슘도 다량 함유되어 있다. 또한 단맛과 쓴맛을 함께 가지고 있어
위와 폐, 간장, 대장에 좋으며 혈압 조절, 항암 효과, 피로 회복 등에 효과가 있다.

재료

더덕(중간 크기) 150g, 잣가루 1큰술

소금물 물 1컵, 소금 1/2작은술

유장 간장 1/2큰술, 참기름 1큰술

고추장 양념 고추장 1큰술, 고운 고춧가루 1/2작은술,
다진 파 2작은술, 간장·다진 마늘·설탕·물엿·깨소금
1작은술씩

 30min

 45kcal

 4인분

1_ 더덕은 석쇠를 달궈 살짝 구운 후 껍질을 돌려 가며 벗긴다.

2_ 벗긴 더덕은 깨끗이 씻은 후 약한 소금물에 10분간 담가 쓴맛을 뺀다.

3_ 소금물에서 더덕을 건져 키친타월로 물기를 닦고 세로로 2등분 한다.

4_ 자른 더덕은 방망이로 두드려 부드럽게 만든다.

5_ 큰 그릇에 유장을 만들어 손질한 더덕을 넣고 간이 배도록 살살 주무른다.

6_ 팬을 달궈 뜨거워지면 유장에 무친 더덕을 맑은 색이 될 때까지 굽는다.

7_ 유장을 만든 그릇에 고추장 양념을 만들어 구운 더덕을 넣고 간이 배도록 주무른다.

8_ 양념한 더덕을 석쇠에 올려 앞뒤로 구운 후 가위로 원하는 크기대로 자르고 잣가루를 뿌린다.

뼈째 먹을 수 있어 칼슘 섭취에 좋은

뱅어포구이와 튀김

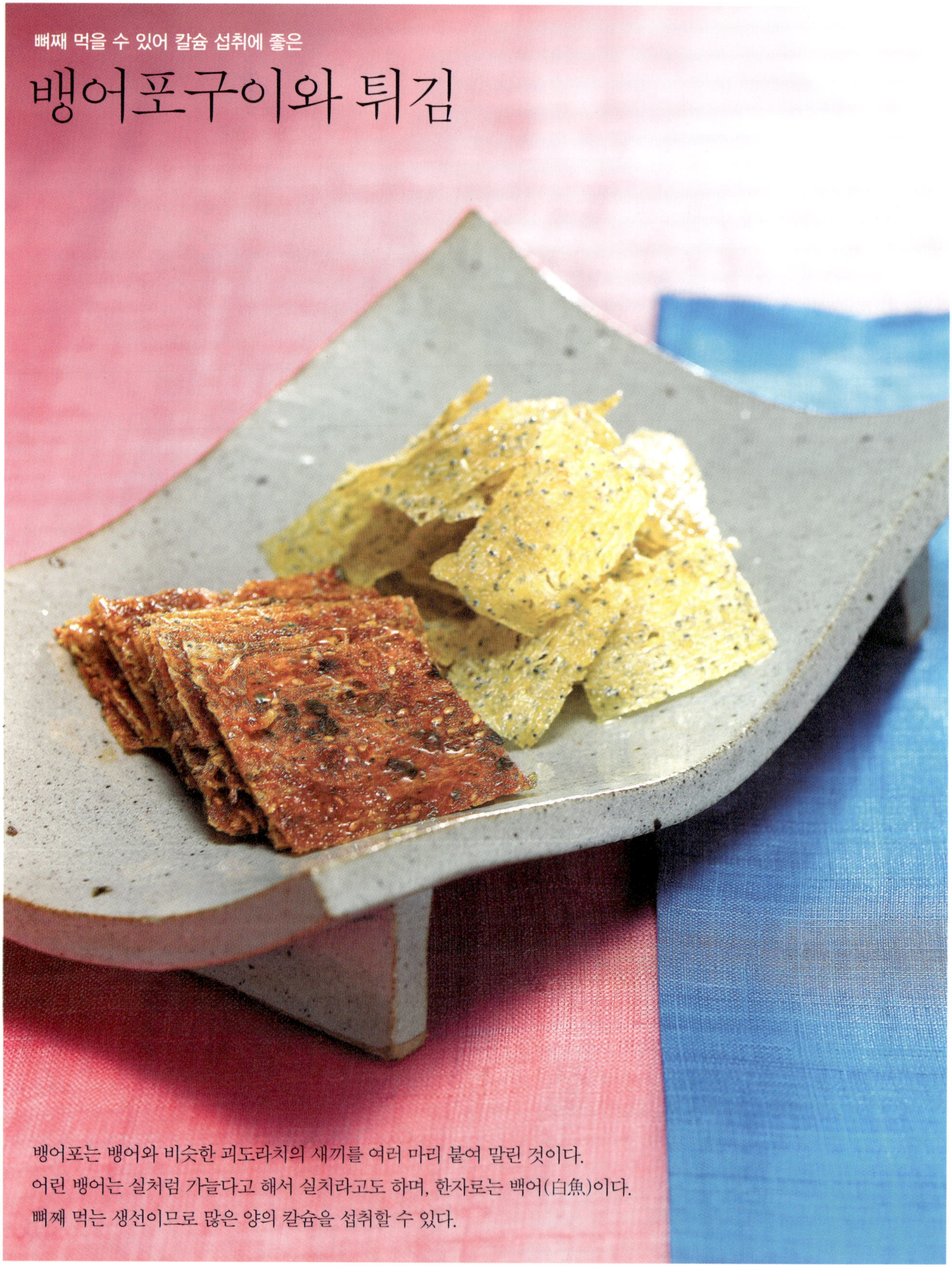

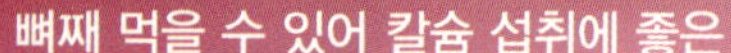

뱅어포는 뱅어와 비슷한 괴도라치의 새끼를 여러 마리 붙여 말린 것이다.
어린 뱅어는 실처럼 가늘다고 해서 실치라고도 하며, 한자로는 백어(白魚)이다.
뼈째 먹는 생선이므로 많은 양의 칼슘을 섭취할 수 있다.

뱅어포 6장, 올리브유 1컵, 설탕 1큰술
양념장 고추장 2큰술, 진간장 1작은술, 꿀·통깨 1큰술씩,
다진 마늘 2작은술, 실파 5뿌리, 홍고추 1/2개

1. 뱅어포는 굵고 성글게 말린 것보다 고운 것을 촘촘하게 붙여 말린 것이 부드럽고 맛이 좋아요.
2. 말린 뱅어는 포로 되어 있지 않고 멸치처럼 나오는 것도 있는데, 제철에 하얗고 깨끗한 것을 구입하여 냉동실에 저장해 두고 볶아 먹으면 멸치보다 맛이 부드럽고 몇 배 더 많은 칼슘을 섭취할 수 있어요.

 **20min**　 **130kcal**　 **4인분**

1_ 뱅어포를 잡티가 없게 손질한 후 튀김용 3장은 3×4cm 크기로 자른다.

2_ 팬에 올리브유 1컵을 두르고 150℃(뱅어포 1장을 넣어 보아 서서히 떠오를 때)가 되면 자른 뱅어포를 노릇노릇하게 튀겨 내는데, 이때 망을 이용하면 한꺼번에 많은 양을 튀길 수 있다.

3_ 튀긴 뱅어포가 뜨거울 때 설탕을 뿌린다.

4_ 실파는 씻어서 송송 썰고, 홍고추는 씨를 제거하고 약간 굵게 다진 후 분량의 재료들과 함께 섞어 양념장을 만든다.

5_ 남은 뱅어포 3장에 양념장을 골고루 바른다.

6_ 팬에 올리브유를 고루 두르고, 약한 불에서 양념한 뱅어포를 앞뒤로 구운 후 튀김과 같은 크기로 자른다.

다시마부각과 김부각

다시마의 영양 성분은 미역과 같으며, 표면의 흰 분말가루는 만닌이라는 당 성분으로 조리할 때
물에 씻지 않고 살짝 닦아 사용한다. 다시마는 배변을 원활하게 하고 혈압을 내리며 심장혈관계
질환을 예방한다. 한방에서는 성질이 차고 맛이 짜지만, 독이 없어 부종을 치료한다고 한다.

재료

마른 김 10장, 다시마 30cm 1장, 찹쌀가루 1컵, 찹쌀밥 1/2컵, 설탕 1/2큰술, 소금 약간, 실깨 1큰술, 물 1컵, 식용유 1/2컵, 뿌리는 설탕 1/2큰술

20min　303kcal　4인분

1_ 김은 두꺼운 김밥용 김으로 구입해 티 없이 깨끗이 손질한다.

2_ 다시마는 한 장짜리로 구입하여 두꺼운 쪽보다 얇은 쪽을 젖은 면포로 살짝 닦은 후, 3×4cm 크기로 자른다.

3_ 찹쌀가루에 물을 붓고 잘 섞은 후, 끓여 가며 된죽을 쑨다. 죽이 다 되면 소금과 설탕을 넣어 간을 맞추고 불을 끈다.

4_ 찹쌀 풀을 바른 김 위에 다른 김 한 장을 올리고 다시 풀을 바른 후 누른다.

5_ 실깨를 중간 중간 조금씩 올리고 약간 눅눅할 때 무거운 것으로 눌러 말린 후, 원하는 크기로 잘라 다시 바삭하게 말린다.

6_ 잘라 놓은 다시마는 찹쌀밥을 조금씩 골고루 발라 바삭하게 말린다.

7_ 팬에 식용유를 붓고 170℃로 예열하여 김은 재빨리 튀겨 내고 다시마는 완전히 퍼지도록 노릇하게 튀긴다.

8_ 설탕을 뿌려 낸다.

연근전

씹는 감촉이 아삭하고, 썰면 단면의 문양이 보기 좋은 연근은
연꽃의 뿌리이다. 가을에서 겨울에 가장 맛이 좋으며 성분은
당질의 전분이 주이고 단백질, 무기질은 적은 편이다.
효능으로는 자양강장과 피로 회복, 정신 안정에 도움을 주며
설사, 야뇨증, 저혈압, 각종 독성 물질의 중화 작용에 사용된다.

재료

연근 100g, 올리브유(또는 식용유) 3큰술, 밀가루 2큰술,
물 2컵, 소금 약간

식촛물 물 1컵, 식초 1작은술

밀가루 반죽 밀가루·물 3큰술씩, 진간장·참기름 1작은
술씩

초간장 진간장 1큰술, 물·식초 1/2큰술씩, 잣가루 약간

 20min  33kcal  4인분

1_ 연근은 가늘면서 살이 통통한 것으로 골라 껍질을 벗기고 깨끗이 씻는다.

2_ 손질한 연근을 0.5cm 두께로 통썰기 하여 식촛물에 담근다.

3_ 냄비에 물을 붓고 끓이다가 끓으면 연근을 넣고 삶아 건진다.

4_ 밀가루에 분량의 재료들을 넣어 밀가루 반죽을 만든다.

5_ 삶은 연근에 마른 밀가루를 고루 묻힌 후 밀가루 반죽에 담근다.

6_ 밀가루 반죽을 묻힌 연근을 올리브유를 두른 팬에 넣고 노릇하게 앞뒤로 지진 후 초간장을 만들어 곁들여 낸다.

송이산적

여러 버섯을 두고 첫째 송이, 둘째 능이, 셋째 표고, 넷째 석이라고 하는데,
이는 버섯 중 송이버섯이 가장 으뜸임을 말하는 것으로
그만큼 송이버섯은 맛과 향이 뛰어나다.
송이버섯은 그해의 강수량에 따라 수확량이 달라지며, 맛과 향도 달라진다.
제일로 알아주는 산지는 강원도 양양으로, 양양 송이라고 한다.

재료

송이버섯 100g, 소고기(등심) 200g, 잣가루·소금 1작은
술씩, 대나무 꼬치 적당량

소고기 양념 진간장 2큰술, 설탕 1큰술, 다진 파·참기
름·깨소금 2작은술씩, 다진 마늘 1작은술, 후춧가루 약간

20min　**121kcal**　**4인분**

1_ 송이버섯은 뿌리의 흙을 칼로 저며 내고 흐르는 물에 재빨리 씻은 후 0.5cm 두께로 썰어 소금을 뿌려 둔다.

2_ 소고기는 넓게 포를 떠서 군데군데 칼집을 넣고 양념에 잰다.

3_ 양념에 잰 소고기를 팬에서 살짝 굽는다.

4_ 구운 소고기를 송이버섯 크기만 하게 자른 후 송이버섯과 소고기를 번갈아 가면서 꼬치에 끼운다.

5_ 팬에 꼬치를 넣고 송이버섯이 익을 정도로만 살짝 굽는다.

6_ 구운 송이산적을 그릇에 담고 그 위에 잣가루를 뿌린다.

패주와 대파가 사이좋게 나란히 꽂혀 있는

패주산적지짐

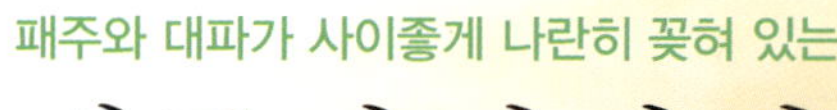

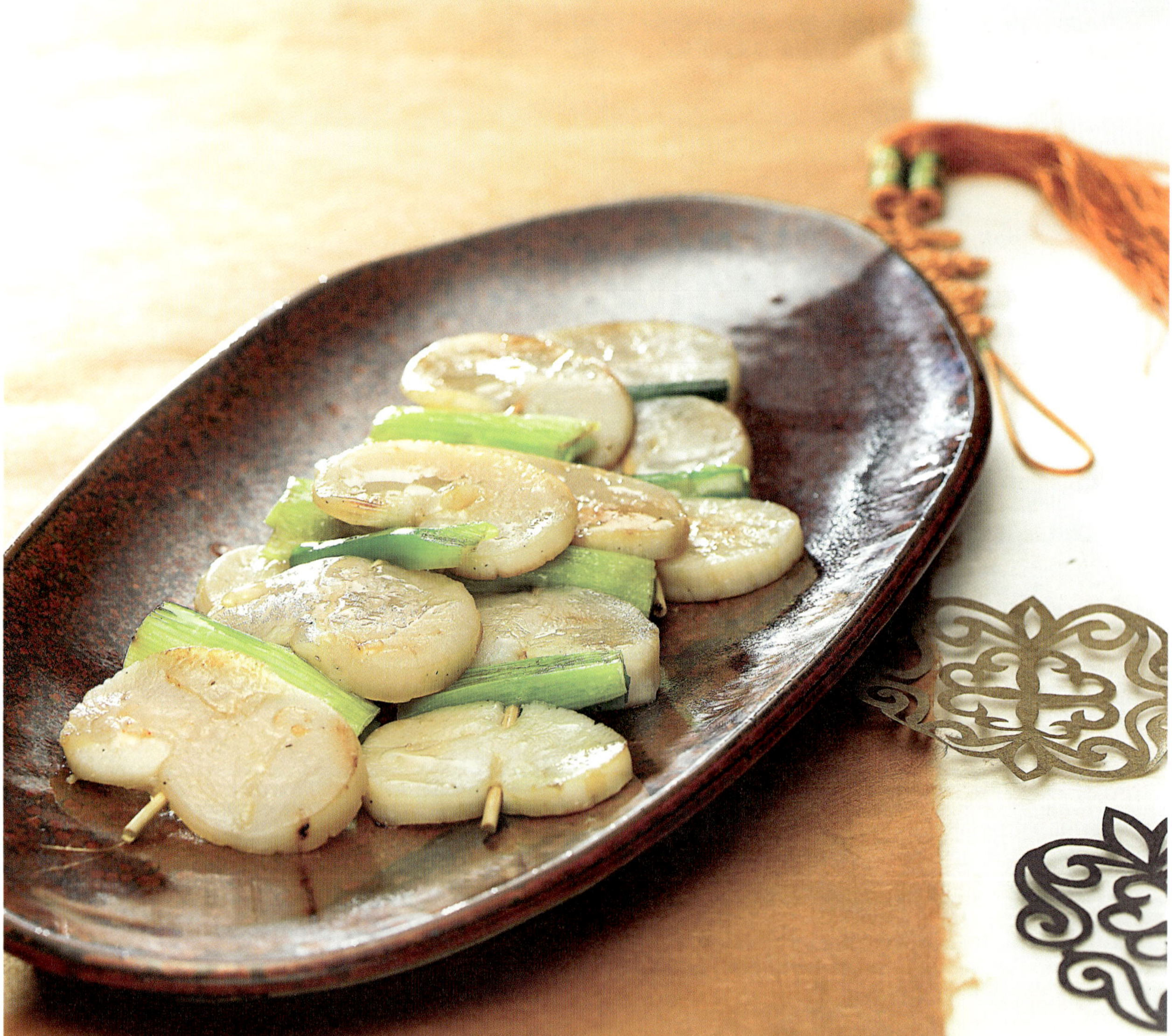

일명 조개관자라고도 하는 패주는 조개껍데기를 열고 닫는 작용을 하는 패각근으로, 겨울에 가장 맛있고 말려야 영양과 맛이 더 좋다. 단백질과 무기질이 풍부하여 자양강장제와 피부의 노화 방지, 고혈압에 좋고, 시신경 때문에 오는 두통, 현기증, 어깨 결림, 눈의 피로 등을 완화한다.

재료

패주 8개, 대파 1/2뿌리, 꼬치 8개, 올리브유 1큰술

유장 참기름 · 정종 2작은술씩, 진간장 1작은술, 후춧가루
약간

35min　80kcal　4인분

1_ 패주는 가장자리의 내장을 떼어 내고 깨끗이 씻어 물기를 닦는다.

2_ 패주는 옆면의 얇은 막을 벗겨 내고 3등분으로 포를 뜬 후 도마 위에 펼쳐 놓고 칼끝으로 중간 중간 두드린다.

3_ 참기름, 진간장, 정종, 후춧가루를 손으로 돌려 가며 고루 섞어 걸쭉하게 유장을 만든다.

4_ 유장에 패주를 넣고 버무리다가 대파를 깨끗이 씻어 패주의 길이만큼 잘라 유장에 살짝 버무린다.

5_ 꼬치에 패주와 대파를 한 개씩 번갈아 가면서 끼운다.

6_ 팬에 올리브유를 두르고 달아오르면 산적을 넣어 노릇노릇하게 굽는다.

풋마늘산적지짐

풋마늘은 봄에 잠깐 나오는 식품으로 입맛을 돋워 준다.
초고추장에 무치기도 하고 김치를 담글 때 넣기도 하며, 볶음 음식으로도 만든다.
마늘과 마찬가지로 매운맛을 내는 알리신과 조섬유, 비타민 C가 많이 함유되어 있다.
항암, 항산화, 피로 회복, 식욕 증진, 위장기능 강화 효과가 있는 것으로 알려져 있다.

풋마늘 200g, 소고기(등심) 200g, 찹쌀가루·올리브유 3큰술씩, 소금 약간

소고기 양념 진간장 2큰술, 설탕 1큰술, 다진 마늘·깨소금 1작은술씩, 참기름 2작은술, 후춧가루 약간

초간장 진간장 1큰술, 식초·물 2작은술씩, 잣가루 약간

30min　**318kcal**　**4인분**

1_ 풋마늘은 껍질을 벗기고 깨끗이 다듬어 씻는다.

2_ 손질한 풋마늘은 4cm 길이로 잘라 잎 쪽은 군데군데 칼집을 넣고 뿌리 쪽은 칼등으로 두드려 부드럽게 만든다.

3_ 손질한 풋마늘에 소금을 약간 뿌려 숨을 죽인다.

4_ 소고기는 0.5cm 두께로 포를 뜬 후 칼끝으로 사이사이 칼집을 넣는다.

5_ 손질한 소고기는 만들어 둔 양념에 무쳐 잰 후 길이 5×1cm로 자른다.

6_ 부드러워진 풋마늘과 양념한 소고기를 꼬치에 번갈아 가면서 끝까지 끼운다.

7_ 촉촉한 찹쌀가루를 넓은 접시에 펼쳐 담고 산적을 놓아 찹쌀가루를 고루 묻힌다.

8_ 달군 팬에 올리브유를 넉넉히 두른 후 산적을 넣어 앞뒤로 노릇노릇하게 굽는다. 초간장을 곁들여 낸다.

풋고추산적

풋고추는 성장 중인 고추를 익기 전에 따 먹는 것으로,
아삭하고 씹을수록 달짝지근한 맛이 식욕을 돋운다.
풋고추산적은 고기의 고소한 맛과 풋고추의 상큼한 맛이
어우러져 밑반찬과 술안주로도 그만이다.

풋고추·소고기(우둔살) 200g씩, 밀가루·물 1/2컵씩, 통깨 1큰술, 실고추·소금 약간씩, 올리브유 3큰술
소고기 양념 진간장 3큰술, 설탕 1.5큰술, 다진 파 2작은술, 참기름·다진 마늘·깨소금 1작은술씩, 후춧가루 약간

 **20min**  **322kcal**  **4인분**

1_ 풋고추는 부드럽고 매운맛이 없는 것으로 골라 깨끗이 씻은 후 꼬치 끝으로 군데군데 찔러서 양념이 잘 배게 한다.

2_ 소고기는 익으면서 줄어들기 때문에 풋고추의 길이보다 5mm 길게, 그리고 두께는 6mm로 자른 후 칼등으로 간이 잘 배게 두드린다.

3_ 분량의 양념 재료들을 섞은 후 손질한 풋고추에 1큰술을 넣어 재고, 나머지는 소고기에 넣고 주물러서 재어 둔다.

4_ 꼬치에 양념한 풋고추 1개, 소고기 1개를 번갈아 끼운 다음 밀가루를 듬뿍 묻힌 후 털어 낸다.

5_ 나머지 밀가루에 분량의 물을 붓고, 소금을 약간 넣은 후 잘 풀어서 밀가루즙을 만든다.

6_ 팬에 올리브유를 넉넉히 둘러 약한 불에서 달군 후 풋고추와 소고기를 끼운 꼬치를 밀가루즙에 담갔다가 팬에서 지진다.

7_ 뜨거울 때 통깨와 실고추를 뿌린다.

두부장떡

두부는 맛과 향이 좋아 오미(伍味)를 갖춘 식품으로 알려져 있으며,
조리법도 다양하다. 동글동글하게 만든 장떡은
도시락 반찬으로도 훌륭하다.

두부 300g, 소고기 50g, 밀가루·올리브유 3큰술씩, 된장·고추장 1큰술씩

양념 다진 파·깨소금·참기름·마른 새우가루 1큰술씩, 다진 마늘 1/2큰술

1. 두부는 너무 단단한 것보다 약간 부드러운 것으로 고르세요.
2. 반죽에 된장과 고추장이 들어 있어서 구울 때 타기 쉬워요. 따라서 기름을 넉넉히 두르고 약한 불에서 천천히 구워야 해요. 매운 것이 싫으면 된장만 넣어도 되고, 소고기 대신 돼지고기를 쓰면 부드러운 맛이 나요.

 20min
 192kcal
 4인분

1_ 두부는 도마 위에서 으깬다.

2_ 으깬 두부를 깨끗한 면포로 짜서 물기를 뺀다.

3_ 소고기를 다져서 으깬 두부와 합한 후 된장, 고추장, 밀가루, 양념 재료들을 모두 넣고 많이 주물러 치대어 찰기가 생기게 한다.

4_ 반죽을 가로 2.5cm, 두께 1cm 크기로 빚는다.

5_ 달군 팬에 올리브유를 넉넉히 두르고 빚은 반죽을 앞뒤로 노릇노릇하게 구워 그릇에 담는다.

생표고버섯조림

표고버섯은 3~5월과 10~12월이 제철이지만,
지금은 인공 재배로 1년 열두 달 맛볼 수 있다.
표고버섯은 풍을 다스리고, 기를 왕성하게 하며, 혈압을 내리는 효능이 있고, 빈혈을 방지해 준다.
뿐만 아니라 항암 성분이 있으며 감기와 변비에 효과가 있다.
말린 표고버섯은 뼈를 튼튼하게 하는 효능이 있다.

생표고버섯 200g, 진간장 3큰술, 설탕·물엿·정종 1큰술씩

멸치 다시마 육수 멸치 50g, 다시마 20g, 물 3컵

표고버섯 삶는 물 물 3컵, 소금 1/2작은술

 30min  91kcal  4인분

1_ 생표고버섯은 너무 피지 않았고 통통하며 갓이 뽀얀 색이 나는 것으로 선택하여 기둥을 자른다.

2_ 끓는 물에 소금을 넣고 기둥을 자른 표고버섯을 넣어 살짝 데친다.

3_ 냄비에 멸치와 다시마, 물을 넣고 끓여서 멸치 다시마 육수를 만든다.

4_ 육수가 우러나면 면포를 깐 체에 밭쳐서 국물만 거른다.

5_ 멸치 다시마 육수에 데친 표고버섯과 육수에서 건진 멸치, 다시마를 먹기 좋은 크기로 썰어 넣고 진간장과 설탕, 정종을 넣고 끓인다.

6_ 육수가 끓기 시작하면 거품을 제거한 후 불을 낮추어 서서히 졸이다가, 국물이 1/3 정도 남았을 때 물엿을 넣고 계속 졸여서 국물이 약간 남았을 때 불을 끈다.

연근조림

예부터 연근은 속을 보하고 기력을 늘리며 모든 병을 제거한다고 한다.
또한 연근은 오래 먹으면 몸이 가벼워지고 노화를 견디며 장수한다고 알려져 있다.

연근 200g, 진간장 3큰술, 물엿 2큰술, 설탕·정종·캐러
멜소스 1큰술씩, 물 3컵
캐러멜소스 설탕·물 2큰술씩, 물 1/3컵

 30min  79kcal  4인분

1_ 연근은 껍질을 벗기고 씻어서 0.5cm 두께로 썬 후, 냄비에 넣고 물을 부어 중간 불에서 부드러워질 때까지 삶는다.

2_ 연근이 부드럽게 삶아지면 진간장, 설탕, 물엿, 정종을 넣고 끓인다.

3_ 팬에 설탕과 물을 2큰술씩 넣고 잘 저으면서 끓이다가, 가장자리가 타 들어가기 시작하면 고루 섞이게 한다. 원하는
색이 나면 물 1/3컵을 부어 한 번 더 끓인 후 불을 꺼 캐러멜소스를 만든다.

4_ 연근에 캐러멜소스를 넣고 쫄깃쫄깃하고 윤이 나게 조린다.

톡톡 튀는 보리새우가 시래기에 폭 싸여 내는 구수한 맛

보리새우시래기조림

보리새우는 난류의 영향을 받는 곳에서 서식하는
야행성 갑각류로 우리나라에서는 남해에서 서식한다.
보리새우는 맛이 달고 성질이 따뜻하여
신장의 기능을 강하게 하고, 양기를 왕성하게 하며,
양질의 단백질과 칼슘이 들어 있어 영양의 보고라고 할 수 있다.

생보리새우 · 무 시래기 200g씩, 쌀뜨물 2컵, 소금 약간
무 시래기 양념 고추장 2큰술, 다진 파 1큰술, 된장 · 다진
마늘 · 고춧가루 1/2큰술씩, 참기름 2작은술, 다진 생강 ·
깨소금 1작은술씩

Essential Tip

1. 민물새우 중 가장 맛이 좋은 보리새우는 색이 검지 않고 맑은 색이 나는 것이에요.
2. 민물 보리새우 대신 새우젓을 담그는 새우로 조리하면 담백하고 부드러운 맛을 즐길 수 있어요. 수염이 긴 것은 잘라서 다듬고, 머리가 큰 것은 입안을 다치게 할 수 있으므로 잘라 내고 조리하세요.

 30min  71kcal  4인분

1_ 물 좋은 보리새우를 물에 담가 여러 번 씻어 건져 놓는다.

2_ 시래기는 깨끗이 씻어 먹기 좋은 크기로 자른 후 분량의 양념 재료들을 넣고 무친다.

3_ 냄비에 무친 시래기를 넣고 쌀뜨물을 부어 끓인다.

4_ 시래기가 약간 무르면 씻은 보리새우를 넣고 중간 불에서 국물이 자작해질 때까지 끓이다가 소금으로 간을 맞춘다.

갈치무조림

갈치는 산란기 이전인 6~7월이 제철로,
칼처럼 생겼다고 하여 칼치라고 부르기도 한다.
갈치에는 불포화지방산이 많아 혈전 생성을 막아 주고
DHA가 풍부해 머리를 좋게 한다고 한다.

갈치 400g, 무 100g, 청·홍고추 2개씩

양념 된장 2큰술, 진간장 1큰술, 대파 2뿌리, 다진 마늘·
고춧가루 2작은술씩, 물 1컵

20min 214kcal 4인분

1_ 갈치를 싱싱한 것으로 사서 6~7cm 길이로 적당히 토막을 친 다음, 은빛 비늘을 깨끗이 벗겨 내고 내장을 빼내어 씻
은 후 어슷하게 두 번 칼집을 넣는다.

2_ 무는 껍질을 벗겨 4~5cm 두께의 나박김치 모양으로 도톰하게 썬다.

3_ 청·홍고추는 어슷썰기 하여 물에 한 번 씻어 씨를 제거하고, 대파는 씻어서 어슷썰기 한다.

4_ 물을 뺀 나머지 양념들을 모두 섞어 무와 갈치에 붓고 주물러 간이 고루 섞이게 한 후, 무는 밑에 깔고 갈치를 위에
얹어 잠깐 재어 둔다.

5_ 양념이 묻은 그릇에 물을 붓고 양념한 갈치와 무에 붓는다.

6_ 처음에는 센 불로 끓이다가 끓기 시작하면 약한 불에서 양념장을 고루 끼얹어 가면서 푹 조린다.

7_ 거의 다 되었을 때 어슷 썬 청·홍고추, 대파를 넣고 알맞게 간이 배면 그릇에 담아 낸다.

병어조림

병어는 흰 살 생선 중 지방의 양이 많고 단백질 양이 적은 생선이다.
비타민 A가 많이 함유되어 피부에 좋고 동맥경화를 예방하며,
비타민 B류도 풍부하여 소화가 잘 된다.
노인이나 어린이, 회복기의 환자에게 좋다.

재료

병어 2마리(600g 정도), 봄동 시래기 100g, 올리브유 1큰술, 대파 푸른잎 부분 5cm, 청양고추 2개, 물 1컵, 소금 약간

봄동 양념 된장 1작은술, 참기름 2작은술

양념장 진간장 3큰술, 다진 마늘 1큰술, 고춧가루 1작은술

30min   239kcal   4인분

1_ 병어는 비늘을 벗겨 내고 머리와 지느러미, 꼬리를 자른다.

2_ 머리 쪽에서 내장을 제거하고 핏물과 이물질이 없도록 깨끗이 씻어 건져 물기를 뺀 후, 큰 것은 3등분 하고 작은 것은 2등분 한다.

3_ 대파는 씻은 후 2cm 길이로 어슷썰기 하고 청양고추는 같은 크기로 어슷 썰어 물에 한 번 씻어 건진다.

4_ 봄동은 잎 하나하나 떼어서 깨끗이 씻은 후 끓는 물에 소금을 약간 넣고 삶는다. 찬물에 한 번 씻어 건져 물기를 꼭 짠 후 된장과 참기름을 넣어 무친다.

5_ 냄비에 무친 나물을 깔고 위에 토막 낸 병어를 얹는다.

6_ 양념장을 만들어 병어 위에 끼얹고 어슷 썬 대파, 청양고추, 올리브유를 두른다.

7_ 양념장 그릇에 물을 부어 남은 양념을 냄비 안의 가장자리에 돌려 가면서 붓는다.

8_ 뚜껑을 덮고 끓이다가 병어가 익으면 뚜껑을 열어 국물을 끼얹어 가면서 조린다.

단호박새우볶음

단호박에는 카로틴을 비롯해 비타민과 철분, 칼슘 등의 영양소가 골고루 들어 있고,
탄수화물, 섬유질, 각종 미네랄이 듬뿍 들어 있어서 성장기 어린이와 허약체질에
좋은 영양식이다. 또 탄수화물과 비타민 A가 많아 새우처럼 단백질만 많은
재료와 함께 먹으면 서로 부족한 영양소를 보충할 수 있다.

단호박 200g, 새우(중하)·송이버섯 100g씩, 실파 2뿌리,
올리브유(또는 식용유) 1큰술, 다진 마늘 1작은술, 소금
적당량, 다진 생강·진간장 약간씩

30min　45kcal　4인분

1_ 단호박은 껍질을 벗기고 5~6cm 너비로 자른 후 0.3cm 두께로 썰어 소금으로 밑간을 한다.

2_ 새우는 머리와 내장을 떼고 껍질을 벗겨 배 쪽에 잔 칼질을 한 후 2등분 한다.

3_ 송이버섯은 뿌리의 흙을 칼로 저며 흐르는 물에 깨끗이 씻은 다음 2cm 두께로 썰고, 실파는 깨끗이 씻어 5cm 길이
　　로 자른다.

4_ 밑간한 단호박을 약한 불에서 노릇노릇하게 구워 접시에 담아 둔다.

5_ 팬에 올리브유를 두르고 다진 마늘과 생강을 넣고 향을 낸 후 새우를 넣어 볶는다.

6_ 새우를 볶다가 구운 단호박과 송이버섯을 넣고 볶으면서 진간장과 소금으로 간을 맞춘 후 실파를 넣어 마무리한다.

말린 고추볶음

고추의 매운맛을 내는 캡사이신이라는 성분과 비타민 E는 잡냄새와 산패를 막아 주고
발한, 식욕 촉진, 신경통, 관절염 등에 효능이 있다. 늦가을의 풋고추는 여름 풋고추보다 껍질이
약간 두꺼우면서도 살이 많아 씹히는 맛과 단맛이 아주 좋다.

굵은 풋고추 20g, 밀가루 3큰술, 올리브유(또는 식용유)
2큰술, 설탕 1작은술

15min 102kcal 4인분

1_ 풋고추는 굵고 약간 매운 것으로 준비하여 꼭지를 떼고 물에 깨끗이 씻는다. 물기를 제거하고 세로로 2등분 하여 씨를 털어 낸다.

2_ 그릇에 고추를 담고 밀가루를 넣어 고루 묻힌다.

3_ 김이 오른 찜통에 밀가루 묻힌 고추를 넣고 약 10분간 찐다.

4_ 푸른색이 변하기 직전에 고추를 꺼내어 햇볕에서 2~3일간 바싹 말린다.

5_ 팬에 올리브유를 두른 후 말린 고추를 넣고 바삭하게 튀기듯이 볶아 노릇노릇해지면 꺼내 설탕을 뿌려 낸다.

마늘종멸치볶음

마늘종은 한국인의 힘의 원천이라고 할 수 있는 마늘의
꽃대로, 우리나라 마늘은 대부분 봄에 꽃대가 생긴다.
마늘종의 효능은 마늘 효능의 70% 정도로 알려져 있으며
특히 마늘보다 식이섬유 함량이 높아 변비에도 효과적이다.
또 혈액순환을 돕고 피를 맑게 해주며 손발이 찬 사람에게 좋다.

재료

마늘종 100g, 잔멸치 50g, 올리브유·정종·진간장 1큰술씩, 물엿 2큰술, 실깨 1작은술, 소금 약간

 20min  168kcal  4인분

1_ 마늘종은 양쪽 끝의 지저분한 것을 자른다.

2_ 다듬은 마늘종은 4cm 길이로 자른다.

3_ 끓는 물에 소금을 약간 넣고 마늘종을 살짝 삶는다.

4_ 삶은 마늘종은 찬물에 재빨리 담갔다가 체에 건져 물기를 뺀다.

5_ 잔멸치는 티 없이 골라 둔다.

6_ 달군 냄비에 올리브유를 두르고 삶은 마늘종과 잔멸치를 넣고 볶는다.

7_ 잔멸치가 노릇노릇하게 다 볶아지면 진간장, 물엿, 정종을 넣고 볶는다.

8_ 마늘종에 간이 배면 마지막에 실깨를 뿌려 낸다.

주꾸미볶음

주꾸미는 불포화지방산과 DHA를 함유하고 있으며
필수 아미노산이 풍부하고 칼로리가 낮아 다이어트에 좋다.
또 혈중 콜레스테롤을 낮추는 데 효과가 있다.
이외에 혈압 정상화, 당뇨병 예방, 담석 용해, 간장의 독소 해독,
근육의 피로 회복, 시력 회복 등에 효력이 있는 것으로 알려져 있다.

재료

주꾸미 300g, 호박 1/4개, 양파 1개, 당근 1/4개, 풋고추·
홍고추 1개씩, 대파 2뿌리, 올리브유 약간

고추장 양념 고추장·고춧가루·설탕 2큰술씩, 맛술·간
장 1큰술씩, 후춧가루·깨소금 약간씩

1_ 주꾸미는 먹물을 제거하고 내장을 정리한다.

2_ 손질한 주꾸미가 작으면 통째로 쓰고, 크면 반으로 자른다.

3_ 호박은 0.3cm 두께로 반달썰기 하고 당근은 0.1cm의 두께로 반달썰기 하며 양파는 굵게 썬다.

4_ 홍고추, 풋고추는 0.3cm의 두께, 2cm의 길이로 어슷썰기 한 후 물에 씻어 씨를 제거하고 대파도 같은 크기로 어슷
썰기 한다.

5_ 분량의 양념장 재료를 고루 섞어 양념장을 만든다.

6_ 팬에 올리브유를 두르고 당근, 양파, 호박, 주꾸미, 홍고추, 풋고추, 대파를 넣어 볶는다.

7_ 재료가 반쯤 익었을 때 고추장 양념을 넣고 볶는다.

8_ 마지막으로 참기름을 넣고 깨소금을 뿌린 후 그릇에 담아 낸다.

쫄깃한 맛의 문어와 새콤한 맛의 김치가 만났다

문어김치볶음

문어의 제철은 가을로, 피를 맑게 하는 효능이 있어서
산후 조리나 혈액순환에 좋은 건강식품이다.
타우린이 풍부해 다양한 요리의 재료로 이용되며,
주로 삶아 먹지만 회로도 먹는다.

재료

돌문어 400g, 김치 200g, 양파 1/2개, 대파 1/3뿌리, 올리브유(또는 식용유) 3큰술, 밀가루·다진 마늘 2큰술씩, 고춧가루 1큰술, 통깨·참기름 2작은술씩, 설탕 1작은술, 소금 약간

소금물 물 3컵, 소금 2작은술

 15min    215kcal    4인분

1_ 돌문어는 삶아 파는 것을 구입해도 좋고, 삶은 것이 없으면 생것으로 구입하여 머리의 내장을 뺀 후 밀가루를 넣고 많이 치댄다.

2_ 밀가루로 치댄 문어를 흐르는 물에 깨끗이 씻은 후 끓는 소금물에 넣고 젓가락이 들어갈 정도로 삶아 건진다.

3_ 삶은 문어의 빨판이 잘리도록 0.5cm 두께로 어슷 썬다.

4_ 김치는 속을 털어 내어 1cm 길이로 썰고, 양파는 굵게 채 썰고, 대파는 어슷 썬다.

5_ 팬에 올리브유를 두른 후 다진 마늘을 넣고 볶다가 마늘 향이 나면 김치를 먼저 넣고 볶는다.

6_ 김치가 익으면 어슷 썬 문어와 설탕을 넣고 볶는다.

7_ 문어에 맛이 들면 채 썬 양파와 대파, 고춧가루, 참기름, 통깨를 넣고 소금으로 간을 맞춘 후 그릇에 담는다.

허기질 때 생각나는 든든한 한 접시
구이, 조림, 볶음, 찜

김치두루치기

두루치기는 영동, 영남 지역에서 많이 사용하는 조리법으로,
볶음과 비슷하면서도 약간 거칠고 소박한 조리법이라 할 수 있다.
지역에 따라서는 국물이 넉넉하게 요리하기도 한다.
생선, 육류 등이 주재료가 되며
약간 맵고 진한 맛을 낸다.

배추김치 300g, 두부 200g, 돼지고기(삼겹살) 100g, 양파 50g, 대파 1/2뿌리, 올리브유 1큰술, 물 1/2컵, 소금 약간

소금물 물 1/2컵, 소금 1/2작은술

양념장 다진 마늘·참기름 1큰술씩, 고춧가루·설탕 1작은술씩, 후춧가루 약간

30min 181kcal 4인분

1_ 배추김치는 속을 털어 내고 머리를 잘라 낸 후 3cm 길이로 자른다.

2_ 돼지고기는 김치와 같은 크기로 썰고, 두부는 김치와 같은 크기로 1cm 두께로 썬 후 소금물에 담근다.

3_ 대파는 0.5cm 두께로 어슷 썰고 양파는 껍질을 벗겨 씻은 후 위아래를 약간 잘라 내고 0.7cm 두께로 채 썬다.

4_ 분량의 양념 재료를 모두 섞어서 양념장을 만든다.

5_ 팬에 올리브유를 두르고 달궈지면 김치와 돼지고기를 넣고 볶는다.

6_ 돼지고기가 다 익으면 두부와 양파, 대파, 양념장과 물을 넣고 끓이다가, 끓으면 휘저어 고루 섞이게 한다.

7_ 소금으로 간을 맞춰 마무리한다.

양배추찜

찜은 비타민과 미네랄 등 재료의 영양소 파괴를 최소화하고 담백한 요리가 가능한 조리법이다.
또 음식 고유의 맛과 향을 그대로 유지하고, 소금과 설탕을 적게 사용하기 때문에
소금, 당분 섭취를 줄일 수 있다. 양배추찜은 가열하는 조리 방식이라
샐러드나 볶음보다는 영양소가 적지만, 대신 양배추의 단맛을 충분히 즐길 수 있다.

양배추 10장, 소금 1/2큰술, 식초 약간, 소고기 200g, 밀가루 1큰술, 불린 표고버섯 5장, 당근·두부 30g씩

소고기 양념 진간장 2큰술, 설탕 1큰술, 다진 파·깨소금·참기름 1작은술씩, 다진 마늘 1/2작은술, 후춧가루 약간

양념 소금 1/3작은술, 간장·설탕 1/2작은술씩, 참기름 1작은술

멸치 다시마 육수 멸치 30g, 다시마 10cm 1장, 대파 1/2뿌리, 마늘 2쪽, 물 3컵

30min   164kcal   4인분

Essential Tip

1. 양배추는 속이 꽉 차고 들어 보아 무거운 것으로 선택하고, 조리할 때 비린내를 제거하려면 식초를 넣어요.
2. 찜을 할 때 매운맛을 즐기려면 육수에 고추장과 고춧가루, 마늘, 물엿으로 간을 맞추어 조리면 돼요. 또 양배추를 쌀 때 꼬치로 꿰지 말고 미나리나 실파로 묶으면 모양이 좋아요.

1_ 양배추 잎은 크고 얇은 잎을 선택하여 줄기를 잘라 내고 4등분 한다. 그런 뒤 식초를 조금 넣은 끓는 물에서 숨이 죽을 정도로 살짝 데쳐 찬물에 식힌 후 물기를 뺀다.

2_ 소고기는 키친타월이나 면포에 싸서 눌러 핏물을 제거하고 곱게 채 썰어 분량의 양념에 재어 둔다.

3_ 불린 표고버섯은 채 썰고, 당근은 깨끗이 손질하여 3cm 길이로 채 썰어서 끓는 물에 살짝 데친 후 식힌다. 두부는 꼭 짜서 으깬다.

4_ 소고기, 표고버섯, 당근, 두부를 함께 섞고 분량의 소고기 양념으로 간을 맞춘다.

5_ 도마 위에 양배추 잎을 펼쳐 놓고 밀가루를 조금 뿌린 후 소를 먹기 좋은 크기로 떼어 넣고 싼다. 끝을 꼬치로 고정시켜 냄비에 차곡차곡 담는다.

6_ 미리 끓여 놓은 멸치 다시마 육수를 잠길 정도로 붓고 끓이다가, 한소끔 끓으면 소금과 간장으로 간을 맞춰 간이 배게 끓인다. 그릇에 담아 낼 때는 꼬치를 빼고 담는다.

동글동글 양파 속에 갖은 양념이 듬뿍

양파찜

양파찜은 양파의 속을 파낸 후
소고기, 표고버섯 등을 넣고 간장물에 찐 요리로,
제철에 나오는 양파로 만들면 모양이 동그라니 예쁘다.
양파찜은 맛이 달달하고 부드러울 뿐만 아니라 소화도 잘 된다.
양파는 고혈압과 동맥경화 예방에 효과적이다.

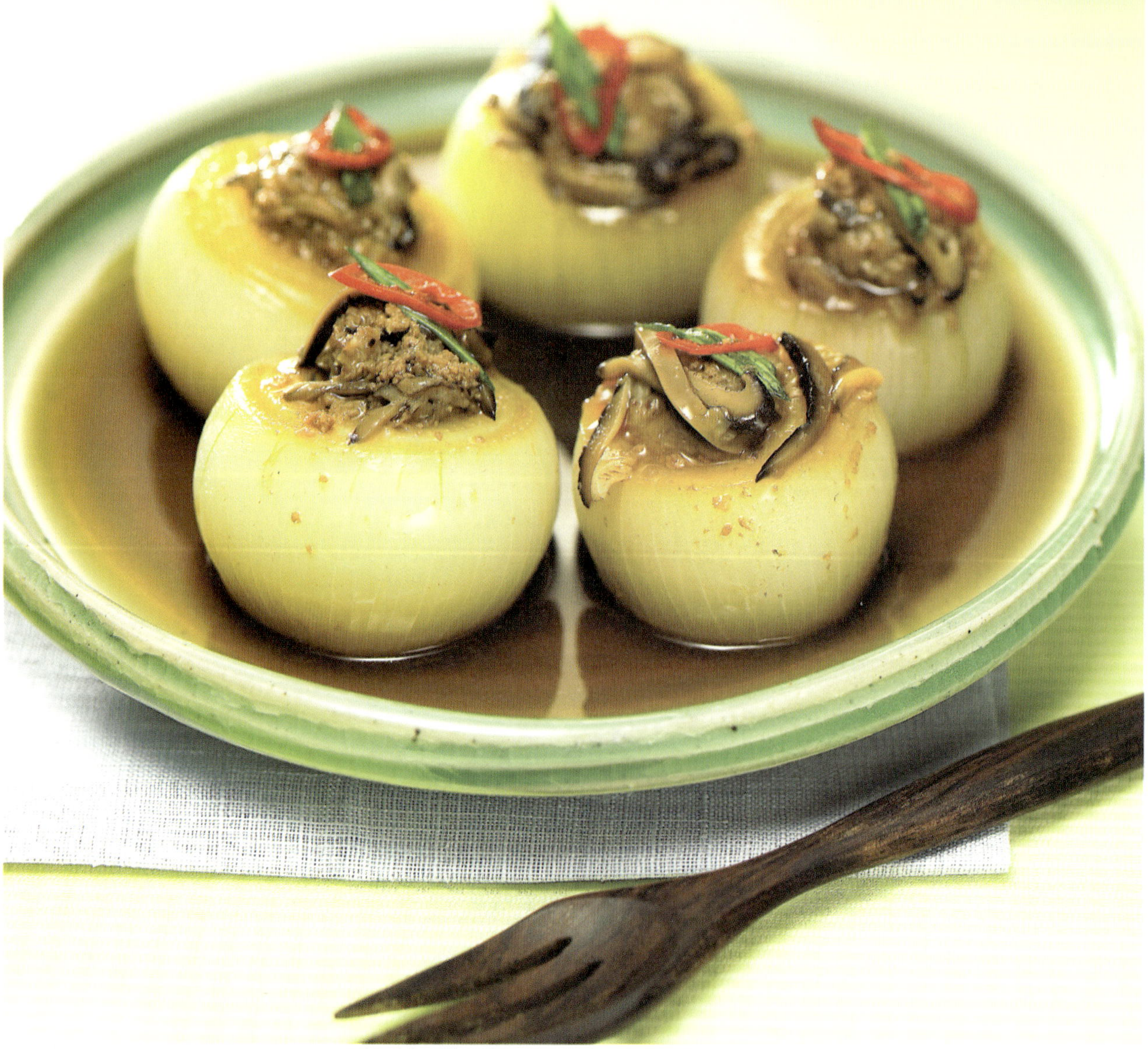

1_ 양파는 중간 크기로 골라 껍질을 벗기고, 뿌리 쪽과 위쪽도 깨끗이 다듬어 씻은 후 겉에서 3장만 남기고 속을 파낸다.

2_ 소고기는 잘게 썰어 다지고, 불린 표고버섯은 각각 3장으로 포를 떠 곱게 채 썬 후 분량의 양념 재료들을 넣고 무친다.

3_ 무친 표고버섯 중 고명으로 쓸 것을 조금 남기고 나머지는 소고기와 합하여 밀가루를 듬뿍 묻혀 양파 속에 채워 넣는다.

4_ 냄비에 물 2컵과 내장을 뺀 멸치를 넣고 끓여 걸러서 육수를 만든다. 여기에 속을 채운 양파를 넣고 국간장으로 간을 한 후, 고명인 표고버섯을 위에 뿌리고 중간 불에서 졸이듯이 끓인다.

5_ 중간 중간에 국물을 국자로 끼얹어 가며 끓인다. 홍고추와 실파는 깨끗이 씻어 채 썬다.

6_ 국물이 2큰술 정도 남았을 때 채 썬 홍고추와 실파를 뿌리고 한 김 뜸을 들인 후 그릇에 담는다.

가지찜

가지찜은 오이소박이처럼 가지에 소고기를 넣어 찐 요리로
자극이 적고 깔끔해 사찰에서도 만들어 즐겼다.
옛 요리문헌인《규곤시의방》에도 그 조리법이
수록되어 있을 정도로 오래되고 친숙한 요리이다.

가지 2개, 물 1.5컵, 소고기(우둔살) 100g, 두부 30g,
청·홍고추·감자 2개씩, 올리브유(또는 식용유)·진간장
1큰술씩, 밀가루 3큰술, 소금 약간

소고기 양념 진간장 1큰술, 설탕 1/2큰술, 다진 파 1작은
술, 다진 마늘·참기름·깨소금 1/2작은술씩, 후춧가루 약
간

소금물 소금 2큰술, 물 1컵

Essential Tip

1. 가지는 껍질이 얇고 진한 흑자주색을 띠며 윤기
   가 있는 것으로 고르세요. 꼭지가 가지보다 큰 것
   은 덜 익은 것이므로 피하세요.
2. 기계로 다진 소고기를 이용하면 누린내가 나고
   맛이 떨어져요. 번거로워도 손으로 다져 사용하
   면 훨씬 좋아요. 가지는 익혀서 먹는 방법도 있지
   만 생으로 김치를 만들어 먹어도 별미예요.

20min 159kcal 4인분

1_ 가지는 양끝을 1cm 정도 남기고 가운데에 오이소박이처럼 열십자로 칼집을 낸다.

2_ 칼집 낸 가지를 소금물에 담가 절인 후 꼭 짠다.

3_ 소고기와 두부는 다져서 분량의 재료들로 양념을 하고, 청·홍고추는 씨를 제거하고 다져서 섞는다.

4_ 감자는 껍질을 벗겨 1cm 두께로 잘라 올리브유에 볶는다.

5_ 양념해 둔 가지 소에 밀가루를 묻힌 후 절인 가지 속에 고루 넣는다.

6_ 냄비에 올리브유를 두른 후 먼저 감자를 깔고 그 위에 가지를 얹은 후 분량의 물과 진간장을 붓는다.

7_ 처음에는 센 불에서 끓이다가 끓으면 약한 불에서 고기가 익을 때까지 서서히 국물을 끼얹어 끓인다. 고루 간이 배
   면 불을 끄고 그릇에 옆옆이 담아 낸다.

두부새우젓찜

잔새우를 천일염에 절여 저장하면 소금과 새우의 성분이
강화되면서 단백질이 발효·분해되어 독특한 맛과 향을 낸다.
새우젓의 종류에는 봄가을에 담는 세화젓,
5월에 담는 오젓, 6월에 담는 육젓, 가을에 담는 추젓,
여름과 가을 사이에 담는 자하젓 등이 있는데,
6월에 담는 육젓을 최상품으로 친다.

두부 1모(200g), 새우젓·다진 풋고추 1큰술씩, 참기름·
다진 파 1작은술씩, 다진 마늘 1/2작은술, 물 1/2컵, 달걀
1개

1. 새우젓은 연분홍색을 띠는 것이 신선도가 가장
   좋아 맛이 좋고, 천일염으로 담근 것이 좋아요.
2. 두부는 햇콩으로 만든 것이 맛이 더 좋고, 두부에
   콩비지를 섞어도 좋으며, 순두부 혹은 연두부를
   이용해도 좋아요. 새우젓 대신 신김치나 양파를
   다져서 섞어도 좋은 맛을 내지요.

20min　63kcal　4인분

1＿ 두부는 도마에 놓고 칼날로 곱게 으깬다.

2＿ 으깬 두부를 그릇에 담고 새우젓, 다진 파, 다진 마늘, 참기름을 넣어 잘 섞는다.

3＿ 그릇에 달걀을 풀고 다진 풋고추를 섞는다.

4＿ 뚝배기에 분량의 물을 붓고 끓이다가, 끓으면 양념한 두부를 넣고 볶듯이 끓인다.

5＿ 끓는 두부 위에 푼 달걀을 끼얹은 후 뚜껑을 덮고 달걀이 살짝 익을 정도로 익혀 뚝배기째 상에 낸다.

가리비찜

일명 '양귀비의 혀'로도 불리는 가리비는
4~5월이 산란기여서 가장 맛있다.
단백질이 다른 조개에 비해 많으며,
아연과 셀레늄이 많아 맛세포의
미각장애 예방 효과가 있다.

재료

가리비 6개, 대추 4개, 은행 8개, 미나리 잎 약간, 마늘
2쪽, 참기름·올리브유 1작은술씩

양념 진간장 1/2큰술, 소금 약간, 설탕·강분(생강녹말)
1작은술씩, 정종 2작은술

30min · 107kcal · 4인분

1_ 해감한 가리비를 구입하여 껍데기를 솔로 문질러 씻고, 칼끝을 좁은 쪽으로 넣어 껍데기를 벌린 후 살을 떼어 낸다.

2_ 떼어 낸 살은 흐르는 물에 모래가 없도록 깨끗이 씻고 가리비 껍데기는 끓는 물에 삶는다.

3_ 깨끗이 씻은 가리비는 검은 내장을 제거한다.

4_ 마늘은 납작하게 3장으로 저미고, 대추는 돌려깎기로 씨를 제거한 후 3등분 하고, 미나리 잎은 3cm 정도로 자른다.

5_ 은행은 팬에 올리브유를 두르고 소금을 약간 넣은 후 파랗게 볶아 껍질을 벗긴다.

6_ 냄비에 분량의 양념을 모두 섞어 넣고 끓이면서 가리비 살, 대추, 마늘을 넣고 조린다.

7_ 살이 살짝 익으면 은행과 참기름을 넣고 불을 끈 후 미나리 잎을 양념 국물에 살짝 묻힌다.

8_ 삶은 가리비 껍데기의 물기를 닦고 가리비 살과 대추, 은행, 마늘쪽, 미나리 잎을 곁들여 담아 낸다.

소라초

소라는 유생 때에는 물속에 떠서 생활하지만 성체가 되면
바위 등에 붙어 자라면서 껍데기가 딱딱해진다.
성장기 아이에게 필요한 필수 아미노산이
다량 들어 있으며 철분과 비타민 B군이
많아 빈혈에도 좋다.

소라 300g, 통마늘 1개, 대파 푸른잎 부분 10cm, 홍고추
1/2개, 참기름 1/2큰술

양념 진간장 2큰술, 설탕·정종·물엿 1큰술씩, 녹말가루
1/2큰술, 흰 후춧가루 약간

1. 자연산은 뿔이 발달되어 있어요. 참소라는 뚜껑
   이 흰색이고 살이 희며 큼직해요.
2. 소라를 삶을 때 어느 정도 익었는지 알려면 젓가
   락이나 꼬치로 찔러 보아 손에 느껴지는 촉감이
   알맞은 정도로 삶으면 돼요.

40min　**177kcal**　**4인분**

1_ 소라는 솔로 겉껍데기를 문질러 깨끗이 씻은 후 냄비에 넣고 물을 잠길 정도로 붓는다. 살이 부드러워질 때까지 약
　　20~30분 정도 삶는다.

2_ 삶은 소라는 젓가락이나 꼬치로 살을 빼내어 내장을 제거한다.

3_ 소라살을 어슷하게 2~3등분 한다.

4_ 대파 잎은 5cm 길이로 곱게 채 썰어 찬물에 담그고, 홍고추는 0.3cm 두께로 송송 썬 후 물에 씻어 씨를 제거한다.

5_ 마늘은 껍질을 벗기고 깨끗이 씻어 뿌리 쪽을 잘라 내고 2~3쪽으로 편을 썬다.

6_ 냄비에 양념을 모두 넣고 끓으면 소라살과 마늘, 홍고추를 넣고 조리듯이 볶는다.

7_ 소라껍데기를 깨끗이 씻어 키친타월로 물기를 닦는다.

8_ 소라껍데기에 볶은 소라살을 넣고 대파채를 건져 물기를 닦은 후 홍고추와 같이 올려 낸다.

오도독 씹을 때마다 톡톡 터지는 향긋한 맛

미더덕찜

미더덕은 마산에서 전국 생산량의 약 70%를 생산하는 것으로 알려져 있으며 주 생산 시기는 4~5월이다. 향이 독특하고 씹히는 소리와 함께 입안에 번지는 맛이 그윽하다. 노화 억제와 항암 효과가 있고 뇌경색, 심근경색 등의 예방 효과도 있다.

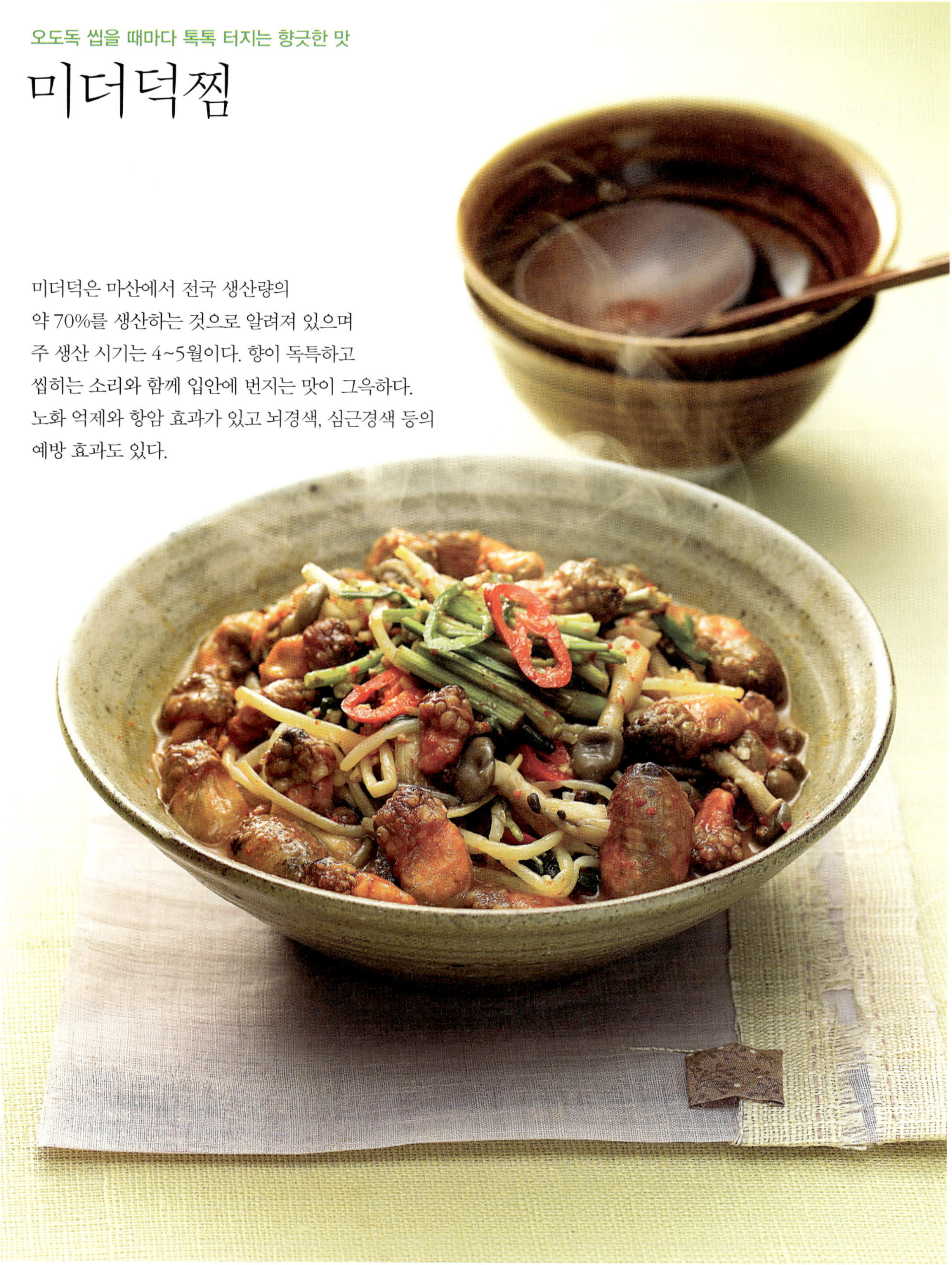

40min **180kcal** **4인분**

1_ 미더덕은 껍질을 벗긴 것을 구입하여 물에 깨끗이 씻은 후 건져 물기를 뺀다.

2_ 개조개는 살을 빼내어 내장을 떼고 굵게 다진다.

3_ 콩나물은 뿌리와 머리를 떼고 깍지 없이 깨끗이 씻어 건진다.

4_ 느타리버섯은 물에 재빨리 씻어 손으로 찢고 청·홍고추는 0.5cm 두께로 어슷썰기 한다.

5_ 미나리, 쪽파, 고사리는 깨끗이 다듬어 씻은 후 5cm 길이로 썬다.

6_ 냄비에 참기름 1큰술을 두르고 다진 개조개를 넣어 볶다가 멸치 육수를 붓고 미더덕, 콩나물, 햇고사리를 넣어 살짝 끓인다.

7_ 콩나물의 비린내가 가실 정도로 익으면 분량의 양념장 재료를 섞어 만들고, 냄비를 살짝 기울여 국물이 모이게 한 후 양념장을 넣어 잘 버무리면서 끓인다.

8_ 양념이 배면 썰어 둔 나머지 채소를 넣고 고루 섞은 후 깨소금과 참기름 1큰술을 넣고 간을 맞추어 고루 버무려 낸다.

게찜

대게는 경상북도 북부의 동해안에 많이 서식한다.
대게에는 칼슘, 인, 철분, 리신, 아르기닌 등의 필수 아미노산이
풍부하여 영양의 보고이며, 소화·흡수가 잘 되는 기호식품 또는
환자나 노약자의 건강식품으로 각광받고 있다.

재료

생게(작은 크기) 2마리, 밀가루 2큰술, 달걀노른자 1개,
소금·참기름·흰 후춧가루 약간씩

1. 게는 윤기가 흐르면서 딱지나 발을 모으고 있는
   것이 좋고, 들어 보아 무거운 것을 고르세요.
2. 솔잎을 밑에 깔고 게를 찌면 솔잎 특유의 향이 게
   살과 어우러져 맛이 더욱 담백해지고 쫄깃해지
   며, 참숯을 위에 얹어 찌면 게에서 나오는 비릿
   한 냄새를 없애 주어 한결 상큼해요. 단, 살아 있
   는 게를 그대로 찌면 몸을 비틀기 때문에 다리가
   떨어지고 몸통 속의 게장이 쏟아지므로 주의해야
   해요.

 30min  750kcal  4인분

1_ 게는 솔로 문질러서 흐르는 물에 깨끗이 씻은 다음, 김이 오르는 찜통에 딱지가 밑으로 가게 놓고 소금을 약간 뿌려
20분 동안 찐다.

2_ 찐 게를 꺼내 다리를 가위로 잘라 낸 후 다리 살과 몸통 살을 젓가락을 이용해 깨끗이 발라낸다.

3_ 딱지의 게장은 긁어서 따로 모아 놓는다.

4_ 발라낸 살은 소금, 참기름, 흰 후춧가루로 간을 맞추어 무친다.

5_ 게딱지에 밀가루를 묻힌 후 그 속에 무친 게살을 담는다.

6_ 빈틈없이 채운 게살 위에 밀가루를 살짝 뿌리고 달걀노른자를 바른다.

7_ 팬에 게를 살짝 지진 후 먹기 직전에 다시 찜통에 넣고 살짝 찐다.

허기질 때 생각나는 든든한 한 접시
구이, 조림, 볶음, 찜

양미리무찜

칼슘이 풍부한 양미리는 등푸른생선으로 불포화지방산, 필수 아미노산,
철분 등이 많이 함유되어 있다. 성장기 어린이에게 좋을 뿐만 아니라
노인의 노화 방지, 빈혈, 식욕 부진, 피로 회복 등에 효능이 있으며
비타민 함량도 많다.

양미리 10마리, 무 200g, 청·홍고추 1개씩, 대파 1/3뿌리, 양파 1/4개, 고춧가루 1작은술, 물 1컵

조림장 진간장·참기름 2큰술씩, 된장·정종 1큰술씩, 다진 마늘 1/2큰술, 다진 생강 1/2작은술

 20min
 220kcal
 4인분

1_ 살짝 말린 양미리를 구입하여 머리와 꼬리를 잘라 내고 내장은 그대로 둔다. 깨끗이 씻어 물기를 뺀 후 몸통은 2등분한다.

2_ 무는 깨끗이 씻은 후 껍질째 한입 크기로 썰고, 청·홍고추와 대파는 어슷 썰고, 양파는 굵게 채 썬다.

3_ 분량의 조림장 재료를 모두 섞어 조림장을 만든다.

4_ 손질한 양미리와 무를 그릇에 담고 조림장을 부어 고루 무친 후 잠시 놔둔다.

5_ 냄비에 양념한 무를 먼저 넓게 깔고 그 위에 양미리를 고루 펴서 얹은 후, 그릇에 남은 양념은 분량의 물로 씻어서 냄비에 붓는다.

6_ 양미리 위에 청·홍고추, 대파, 양파를 올리고 고춧가루를 맨 위에 뿌린 후 뚜껑을 덮고 끓인다.

7_ 끓기 시작하면 불을 낮춰 무가 무를 때까지 서서히 끓이면서 중간에 국물을 숟가락으로 끼얹어 준다.

전복찜

산란기가 11월인 전복은 9~10월이 제철이다.
전복의 살은 수컷이 청색이고 암컷은
옅은 분홍색을 띠는데, 암컷이 맛이 더 좋다.
전복은 자양강장에 뛰어난 효과가 있어서
원기 회복이나 피로 회복에 좋으며,
오독오독 씹히는 질감은 콜라겐과 엘라스틴 등
경단백질이 많아 살이 단단하기 때문이다.

전복 4마리, 은행 10개, 달걀 1개, 올리브유 약간

양념장 정종·참기름 1큰술씩, 진간장 1/2큰술, 설탕 1/4 큰술, 다진 마늘 1작은술, 다진 생강 1/2작은술, 후춧가루 약간

Essential Tip

1. 찐 전복을 촉촉하게 먹으려면 찌면서 생긴 국물에 생강과 녹말을 풀어 걸쭉하게 만들어 살짝 졸인 후 먹으면 돼요. 전복은 압력솥에 찌면 부드럽고 연해져 남녀노소 누구나 즐길 수 있어요.

40min 63kcal 4인분

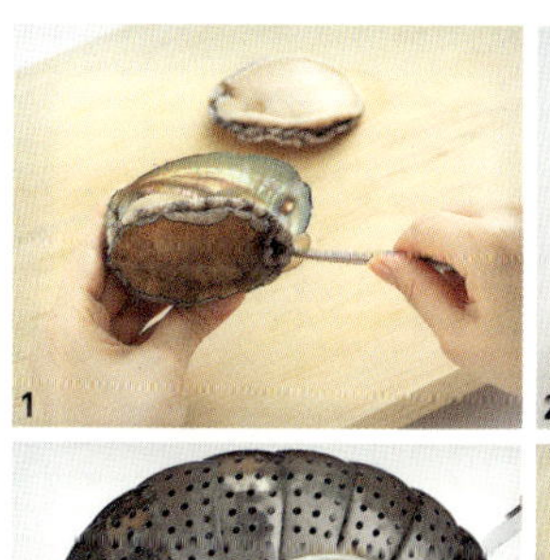   

1_ 전복은 숟가락으로 껍데기를 떼고 내장을 깨끗이 제거한다.

2_ 껍데기는 깨끗이 씻은 후 끓는 물에 삶아 놓는다.

3_ 내장을 제거한 전복을 흐르는 물에 씻은 후 물기를 제거하고 잔 칼집을 넣는다.

4_ 그릇에 분량의 양념장 재료를 넣고 섞은 후 손질한 전복에 묻혀 30분 이상 재어 둔다.

5_ 압력솥에 물을 붓고 겅그레를 넣은 후 껍데기에 전복을 담아 겅그레 위에 얹어 뚜껑을 닫고 30분 정도 찐다.

6_ 달걀은 황백 지단으로 부쳐 3cm 길이로 채 썰고, 은행은 올리브유에 볶아 껍질을 벗기고 2등분 한다.

7_ 찐 전복에 황백 지단 채와 은행을 보기 좋게 올린 후 소금을 깐 접시 위에 담아 낸다.

부득동태찜

동태를 손질한 후 꿰어서 뿌득하게 말린 것을 '부득동태' 또는
'코다리'라 부른다. 말린 것이 생태를 사용하는 것보다
질감이 더 좋고 단맛이 있다. 단백질이 풍부하고
지방이 적은 저칼로리 식품이며 해독 능력이
뛰어나다.

부득동태 2마리, 송송 썬 쪽파 1큰술
양념장 진간장 2큰술, 설탕 1큰술, 다진 마늘·참기름·깨소금 2작은술씩, 고춧가루 1/2큰술

1. 너무 말린 동태는 단단하므로 살짝 말린 것으로 고르세요. 냉동된 것은 덜 말린 것이어서 맛이 떨어지므로 고를 때 주의하세요.
2. 부득동태를 찌지 않고 조려도 좋아요. 머리는 모아 두었다가 육수를 낼 때 이용하면 좋지요.

30min 183kcal 4인분

1_ 부득동태는 네 토막으로 자른다.

2_ 토막 낸 부득동태는 배 쪽으로 칼집을 넣어 포를 뜬 후, 뼈를 발라내고 깨끗이 씻어 물기를 뺀다.

3_ 양념장을 만들어 손질한 동태에 하나하나 적셔 잠깐 재어 둔다.

4_ 김이 오르는 찜통에 양념한 부득동태를 가장자리에 돌려서 넣고 10분간 찐다.

5_ 송송 썬 쪽파를 부득동태찜 위에 뿌리고 뚜껑을 닫고 잠시 후 불을 끈다. 한 김 뺀 후 접시에 담아 낸다.

허기질 때 생각나는 든든한 한 접시
구이, 조림, 볶음, 찜

돼지갈비찜

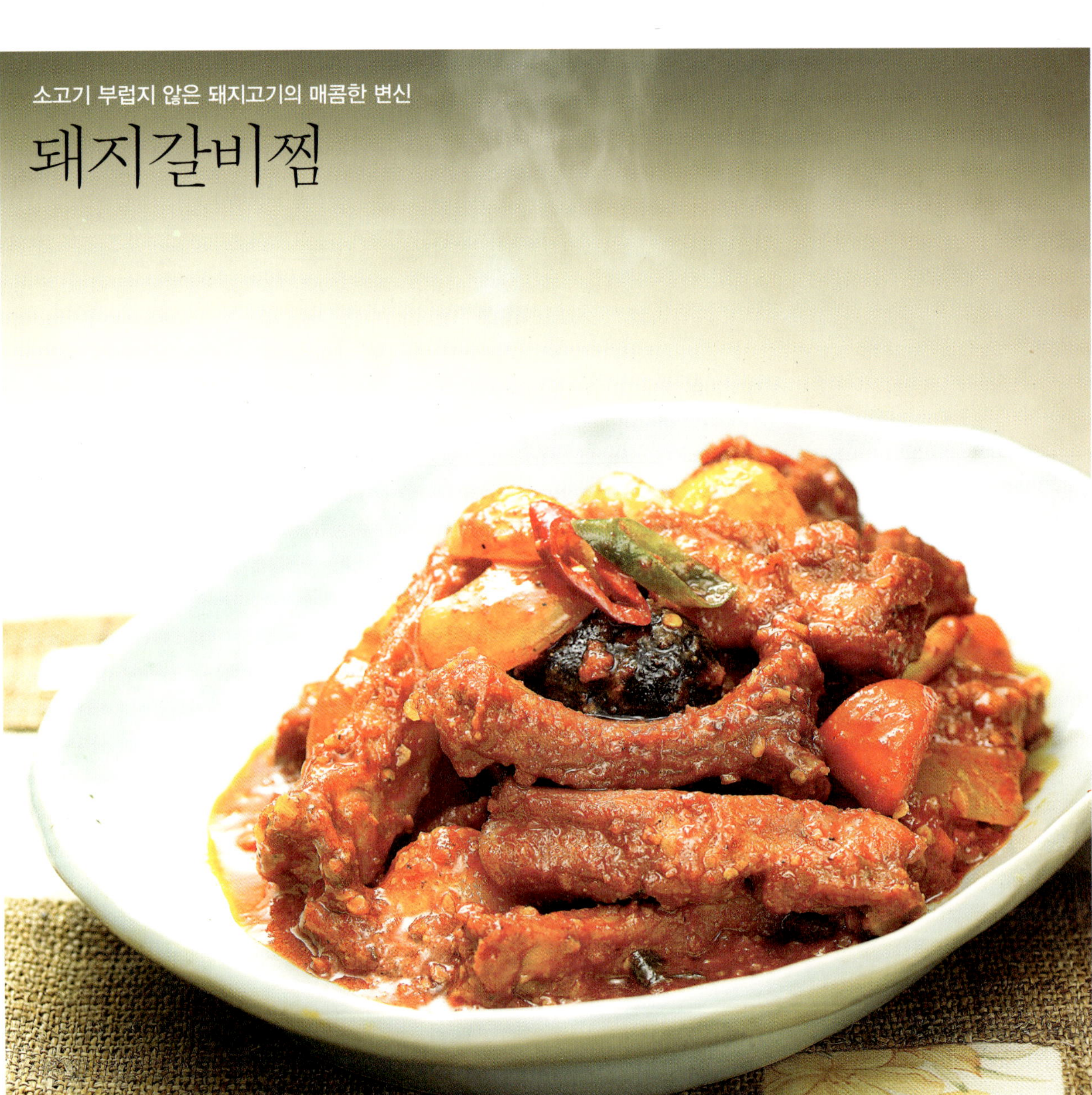

돼지고기는 사람들이 가장 많이 즐겨먹는 고기로,
부드럽고 고소하여 내장 일부를 제외하고 머리에서 발까지 전부 먹는다.
돼지고기는 단백질과 비타민 B_1의 함량이 높아 신경과 근육이 제 기능을 하도록 돕는다.

돼지등갈비 1kg, 청·홍고추 1개씩, 깻잎 2장, 불린 표고
버섯 3장, 양파 1/2개, 당근·무 50g씩

밑간 양념 진간장·다진 마늘·생강즙·정종 1큰술씩, 양
파즙 2큰술, 후춧가루 약간

조림 양념 진간장 3큰술, 된장 1/2큰술, 설탕·물엿 1큰술
씩, 꿀·정종·참기름 2큰술씩, 물 1/3컵

1. 돼지고기는 연한 분홍빛이 돌고 윤기가 나며 단
   단하고 살결이 고운 암돼지를 구입하는 것이 가
   장 좋아요.
2. 돼지갈비는 손질이 잘된 것으로 구입하면 간편히
   요리할 수 있으며, 찌지 않고 녹말가루를 묻힌 후
   튀겨서 만들면 맛이 진해져요.

 **40min**  **357kcal**  **4인분**

1_ 갈비는 가닥가닥 잘라 기름기를 제거하고 물에 담가 핏물을 뺀 후 건져서 물기를 뺀다.

2_ 갈비살 쪽에 2~3번 정도 칼집을 넣는다.

3_ 당근과 무는 마구썰기 한다.

4_ 양파는 채 썰고, 불린 표고버섯은 2등분 하고, 청·홍고추는 0.3cm 두께로 어슷썰기 한다.

5_ 밑간 양념을 모두 섞은 후 손질한 갈비에 넣고 잘 주물러 간이 배도록 30분 이상 재어 둔다.

6_ 냄비에 분량의 조림 양념을 모두 섞어 넣고 끓인다.

7_ 양념에 찐 갈비와 당근, 표고버섯을 넣고 윤기가 나도록 조린다.

8_ 다 조려지면 마지막에 채 썬 양파와 청·홍고추를 넣고 살짝 더 익힌다. 담아 낼 때 그릇에 깻잎을 깔고 갈비를 보기
좋게 담는다.

매운 제육감자찜

한국인의 식탁에 자주 오르는 요리인 제육볶음.
여기에 잘 익은 감자를 넣고 매콤하게 만들면
색다른 맛을 즐길 수 있다. 제육볶음에 조금 더
정성을 담고 싶을 때 만들어 먹으면 좋다.

돼지고기(삼겹살) 300g, 감자 150g, 청양고추 3개, 대파 1뿌리, 고추장 2큰술, 물 3컵, 진간장 약간

돼지고기 양념 다진 파·다진 마늘 2작은술씩, 설탕 1/2 큰술, 다진 생강·깨소금·진간장·참기름 1작은술씩, 고추장 1큰술, 후춧가루 약간

 30min　 274kcal　 4인분

1_ 돼지고기는 덩어리 삼겹살로 구입하여 찬물에 담가 핏물을 뺀 후, 건져서 물기를 닦고 1×3×4cm 크기로 자른다.

2_ 자른 돼지고기에 분량의 양념 재료들을 넣고 무친 후 재어 둔다.

3_ 감자는 껍질을 벗기고 씻어서 5등분 한 후 양념에 잰 돼지고기에 넣고 주물러 함께 냄비에 담는다.

4_ 물 3컵에 고추장과 진간장을 푼다.

5_ 위의 양념을 냄비에 붓고 뚜껑을 덮어서 끓이다가, 중간에 뚜껑을 열어 놓고 뒤집으면서 물이 1컵이 될 때까지 졸인다.

6_ 청양고추와 대파는 깨끗이 손질하여 어슷썰기 한 후 냄비에 넣는다.

7_ 불을 낮추고 숟가락으로 위아래를 바꿔 주면서 뜸을 들인 후 그릇에 담아 낸다.

소꼬리찜

소꼬리는 여성의 산후 보양식과 병후 보양식으로 좋으며, 특히 당뇨와 빈혈 환자에게 귀한 대접을
받는 식재료이다. 보신용으로 이용되는 소꼬리는 고단백에 콜라겐을 많이 함유하고 있어,
끓이면 젤라틴으로 용해돼 독특한 식감이 된다.

소꼬리 600g, 무 100g, 불린 표고버섯 4장, 깐 밤 4개, 가래떡 100g, 물 2컵

고명 은행 10개, 잣 1작은술, 홍고추 1/2개, 미나리 약간

양념 진간장 4큰술, 배즙 2큰술, 설탕·꿀·참기름 1큰술씩, 다진 파 2작은술, 다진 마늘·깨소금 1작은술씩, 후춧가루 약간

1. 국내산 소꼬리는 생김새가 원형 그대로이고 엉덩이 쪽에 가죽이 달렸으며 끝에 털이 있는 반면, 수입산은 몽둥이처럼 길고 끝에 털이 없어요.

50min　515kcal　4인분

1_ 소꼬리는 껍질을 벗긴 것으로 구입하여 물에 담가 핏물을 뺀 뒤 건진다.

2_ 물기를 제거한 소꼬리는 지방을 제거한다.

3_ 무는 4cm 길이로 잘라 2등분 하고 다시 3등분 하여 가장자리를 다듬고 끓는 물에 살짝 삶는다.

4_ 불린 표고버섯은 기둥을 제거한 후 2등분 하고, 가래떡은 4cm 길이로 자른다.

5_ 깐 밤은 깨끗이 씻고, 은행은 볶아 껍질을 벗기고, 잣은 고깔을 뗀 후 닦는다.

6_ 홍고추는 얇게 어슷 썰어 물에 한 번 씻고, 미나리는 잘 다듬어 4cm 길이로 자른다.

7_ 큰 냄비에 양념장을 만들어, 손질한 소꼬리와 표고버섯을 같이 넣고 고루 양념을 묻혀 잠시 둔다.

8_ 소꼬리가 잠길 정도로 물을 부어 끓이다가 거품이 생기면 걷어 낸다. 약한 불에서 은근히 졸인 후 국물이 반 정도 졸면 무, 깐 밤, 가래떡을 넣고 조금 더 졸인다.

9_ 맛이 고루 들면 은행, 홍고추, 미나리를 넣고 섞은 후 불을 끈다. 그릇에 담아 잣을 뿌려 낸다.

오징어순대

여름이 제철인 오징어는 울릉도와 속초 근해에서 많이 잡힌다.
오징어순대는 역시 강원도에서 즐기던 음식으로, 선원들이 배에서 먹을 것이 떨어지면
오징어에 남은 음식을 넣어 만든 데에서 유래가 되었다고 한다.

35min 192kcal 4인분

1_ 오징이의 다리를 당겨 내장을 빼고, 몸은 깨끗이 씻은 후 세워 물기를 뺀다. 다리는 씻어 끓는 물에 넣고 소금을 조금
넣어 데친 후 송송썰기 한다.

2_ 두부는 물기를 짠 후 도마에 놓고 으깨고, 소고기는 다진다.

3_ 숙주는 끓는 물에 삶아 물기를 짠 후 오징어 다리와 같은 크기로 썬다. 청·홍고추는 세로로 반을 잘라 씻은 후 굵게
다지고, 부추는 깨끗이 씻은 후 물기를 빼고 송송썰기 한다.

4_ 움푹한 그릇에 오징어 다리, 두부, 소고기, 숙주, 청·홍고추, 부추를 넣고 분량의 재료로 양념을 한다. 소금으로 간을
맞추어 고루 섞은 다음 많이 치대어 차지게 한다.

5_ 오징어 몸통 속에 키친타월을 넣어 물기를 닦아 내고 밀가루를 고루 뿌린 후, 만들어 둔 소를 2/3 정도만 채워 꼬치
로 꿰매듯이 봉한다.

6_ 김이 오른 찜통에 10분간 찐 후 둥글게 썰어 그릇에 담는다.

Part 4

신선하게 즐기는 영양 듬뿍 밑반찬

나물, 무침, 장아찌, 김치

쌉쌀한 머위와 고소한 들깨즙의 조화

머위들깨즙나물

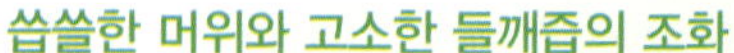

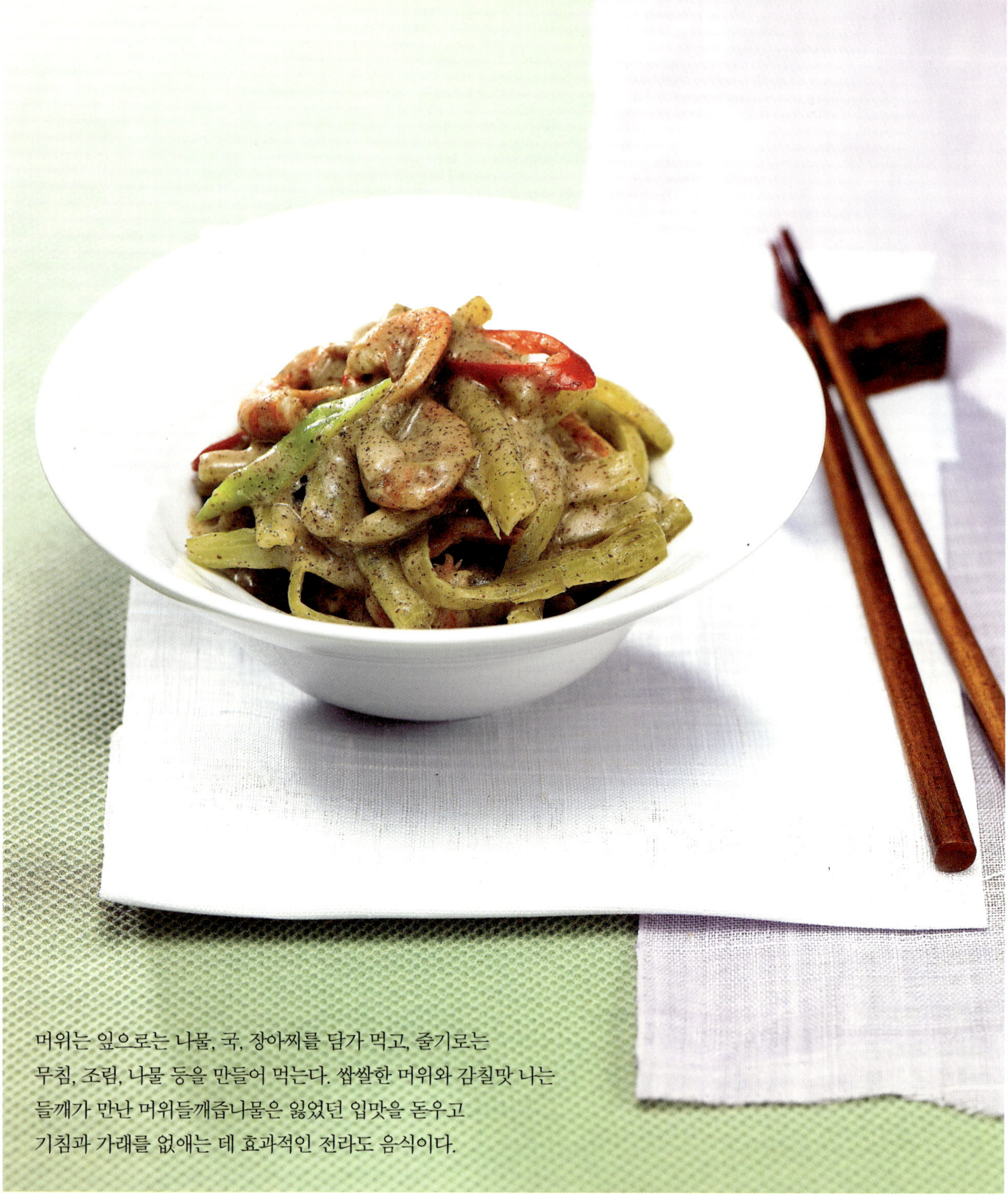

머위는 잎으로는 나물, 국, 장아찌를 담가 먹고, 줄기로는 무침, 조림, 나물 등을 만들어 먹는다. 쌉쌀한 머위와 감칠맛 나는 들깨가 만난 머위들깨즙나물은 잃었던 입맛을 돋우고 기침과 가래를 없애는 데 효과적인 전라도 음식이다.

삶은 머위 400g, 들깨 100g, 채 썬 대파 10g, 불린 쌀 2큰술, 다진 마늘 1/2큰술, 마른 새우 50g, 국간장 1작은술, 올리브유 1큰술, 홍고추 1개, 물 1.5컵, 소금 약간

1. 머위는 잎, 줄기, 꽃의 맛이 각기 다르므로 다양한 맛을 음미하는 재미가 있어요.
2. 머위는 봄부터 여름까지 먹을 수 있어요. 봄에는 주로 잎을 삶아 쌈을 싸거나 무쳐 먹는데 입맛을 돋워 줘요. 마른 새우 대신 멸치가루를 사용해도 좋고, 걸쭉한 것이 싫으면 달콤하게 간장에 조려 먹어도 좋아요.

25min 248kcal 4인분

1_ 머위의 쓴맛이 강하면 하루 정도 물에 담가 쓴맛을 뺀다.

2_ 굵은 것은 2등분이나 4등분 한 후 껍질을 벗겨 5~6cm 길이로 자른다.

3_ 들깨는 깨끗이 씻어 돌을 골라낸 후 불린 쌀과 함께 물을 넣고 믹서로 갈아 체에 밭친다.

4_ 마른 새우는 작은 것으로 선택하여, 머리는 잘라 육수 용도로 사용하고 몸통만 준비한다.

5_ 냄비에 손질한 머위와 마른 새우, 다진 마늘, 국간장을 넣고 주물러 밑간을 한다.

6_ 올리브유를 두르고 볶다가 들깨즙을 붓고 끓이면서 머위에 맛이 배면 소금으로 간을 맞춘다.

7_ 채 썬 대파와 홍고추를 넣고 한소끔 더 끓인다.

비름나물

비름은 많이 먹으면 장수한다고 하여
'장명채'라고도 하는데, 일반적으로 참비름이
식용에 좋다. 참비름의 줄기는 빨갛고 잎은 윤기가 있는 녹색이다.
비름은 예부터 혓바늘이 돋았을 때 뿌리를 달여서 마셨으며,
여름에 먹으면 더위에 걸리지 않는다고 전해진다.

재료

비름나물 400g, 통깨 약간

밑간 양념 멸치가루·다진 파·참기름·된장 1작은술씩,
다진 마늘 1/2작은술

무침 양념 고추장·식초 1큰술씩, 설탕 1작은술, 깨소금
2작은술

20min 42kcal 4인분

1_ 비름나물은 억센 줄기를 골라내고 깨끗하게 손질하여 끓는 소금물에 살짝 데친다.

2_ 데친 비름나물을 찬물에 여러 번 헹궈 물기를 짠 후 알맞은 길이로 자른다.

3_ 물기를 짠 비름나물에 밑간 양념들을 모두 넣고 무친다.

4_ 무침 양념 재료들을 섞어 초고추장을 만든다.

5_ 식탁에 올리기 직전에 밑간한 비름나물에 초고추장을 넣고 무친다.

6_ 그릇에 담고 통깨를 뿌린다.

무나물

무는 냉랭한 기온을 좋아하여 내한성이 강하고, 열이 날 때
무즙을 탕으로 만들어 마시는 민간요법이 있다. 강판에 무를 갈아 즙을 낸 후
여기에 더운물을 붓고 소금으로 간을 하여 마시면 된다.
무즙을 마신 후 잠을 푹 자고 나면 해열도 되고 몸이 한결 가벼워진다고 한다.

무 200g, 쪽파 2뿌리, 식용유 1큰술, 소금 2작은술, 다진
마늘 · 참기름 · 깨소금 1작은술씩, 실고추 약간

1. 무는 잔뿌리가 없고, 씻으면 우윳빛이 나며, 윗부
   분이 푸른 것이 좋아요.
2. 요리하고 남은 무는 랩으로 싸서 보관하거나 채
   썰어서 반찬통에 넣어 보관하면 하루 이틀은 색
   이 변하지 않고 수분도 그대로 남아 있어요. 무를
   너무 볶으면 맛이 없고, 약간 아삭할 때가 가장
   맛있어요.

20min　**256kcal**　**4인분**

1_ 무는 흙이 없게 깨끗이 씻어 0.2cm 두께로 저민 후 채 썬다.

2_ 쪽파는 3cm 길이로 썰고, 실고추도 3cm 길이로 썬다.

3_ 냄비에 식용유를 두르고 중간 불로 달군 후 채 썬 무를 넣고 볶는다.

4_ 무를 볶으면서 다진 마늘과 소금을 넣는다.

5_ 무가 익으면 쪽파를 넣고 볶는다.

6_ 실고추와 참기름을 넣고 조금 더 볶는다.

7_ 다 볶은 후 그릇에 담고 깨소금을 뿌린다.

보름나물

보름에 먹는 묵은 나물을 진채식(陳菜食)이라 하며,
가을에 갈무리하였다가 봄이 오기 전에 묵은 나물을
없애는 의미가 있었다. 또한 겨울 동안의 비타민 섭취를
위한 훌륭한 계절식이었다. 묵은 나물은 들기름으로 볶기 때문에
불포화지방산을 섭취할 수 있고, 식이섬유가 많아 변비에 좋다.

불린 가지 · 삶은 고구마순 · 무나물 · 삶은 시래기 · 불린 다래순 · 불린 호박오가리 · 콩나물 · 생도라지 · 시금치 100g씩, 다진 소고기 30g, 올리브유 1큰술

불린 가지 양념 진간장 1/2큰술, 다진 마늘 1/2작은술, 다진 파 · 깨소금 1작은술씩, 참기름 2작은술, 후춧가루 약간, 멸치 육수 2큰술

삶은 고구마순 양념 진간장 1/2큰술, 참기름 2작은술, 다진 파 · 깨소금 1작은술씩, 다진 마늘 1/2작은술, 멸치 육수 2큰술

삶은 시래기 · 불린 다래순 양념 참기름 2작은술, 국간장 · 다진 파 · 깨소금 1작은술씩, 다진 마늘 1.5작은술, 멸치 육수 2큰술

불린 호박오가리 · 콩나물 · 생도라지 양념 참기름 2작은술, 다진 파 · 깨소금 1작은술씩, 다진 마늘 · 소금 1/2작은술씩, 물 1컵(콩나물만)

시금치 양념 참기름 2작은술, 깨소금 1작은술, 소금 1/2작은술

소고기 양념 진간장 1작은술, 설탕 · 참기름 1/2작은술씩, 후춧가루 약간

Essential Tip

1. 멸치 육수 대신 소고기 육수로 해도 좋아요. 묵은 나물은 오랫동안 폭 볶아야 깊은 맛이 난답니다. 고소한 맛을 내려면 땅콩가루를 넣어 보세요.

40min　220kcal　4인분

1_ 삶은 고구마순은 손질하여 깨끗이 씻은 후 5cm 길이로 잘라 분량의 양념에 주물러 무친다.

2_ 호박오가리는 깨끗이 씻은 후 물기를 꼭 짜고 2등분 하여 양념에 볶는다.

3_ 삶은 시래기, 불린 다래순은 손질하여 깨끗이 씻은 후 분량의 양념에 각각 주물러 무친다.

4_ 콩나물은 꼬리를 잘라 내고 깨끗이 씻은 후 냄비에 물 1컵을 붓고 콩나물과 소금만 먼저 넣어 비린내가 나지 않을 정도로 익힌다. 불을 끄고 국물이 있는 채로 나머지 양념을 넣어 무친다.

5_ 시금치는 아주 작은 속대를 빼고 깨끗이 씻어서 끓는 물에 데친다. 찬물에 식혀 건져서 물기를 꼭 짠 후 분량의 양념에 무친다.

6_ 양념한 소고기를 볶다가 불린 가지를 다져서 넣고, 식힌 멸치 육수를 넣어 촉촉하게 볶는다.

7_ 생도라지는 가늘게 찢어 5cm 길이로 자른 후 끓는 물에 데친다. 찬물에 한 번 씻은 후 분량의 양념을 넣고 무쳐서 살짝 볶는다.

8_ 양념한 나물들을 가지런히 돌려 담는다.

머위순들깨무침

머위는 전국의 산과 들의 습지에서 자라며 이른 봄에 새싹이 나오고 재배도 가능하다.
강한 쓴맛과 향긋한 향으로 나물 혹은 쌈, 장아찌, 조림 등으로 먹는다.
머위잎은 비타민 A를 비롯해 비타민이 골고루 함유되어 있고
칼슘 성분이 많은 알칼리성 식품이다.

머위순 200g, 들깻가루·참기름(또는 들기름) 1큰술씩, 쌀
뜨물 2컵, 소금 약간

양념 된장 1큰술, 다진 파 1/2큰술, 고춧가루·다진 마늘
1작은술씩

 30min
 62kcal
 4인분

Essential Tip

1. 머위잎은 너무 크지 않고 줄기가 굵으며 색이 짙
   푸른 것이 좋아요. 재배보다는 산에서 채취한 자
   연산이 향과 맛이 좋고 약효가 강해요.
2. 일반적으로 쓴맛을 빼기 위해 30분 정도 담가 두
   지만 기호에 따라 12~24시간을 담가 두기도 해
   요. 나물은 물기를 너무 꼭 짜면 촉촉한 맛이 덜
   하므로 입맛에 맞도록 수분을 조절하세요.

1_ 머위는 잎이 작고 어린 것으로 골라 거꾸로 들고 밑동에서 껍질을 벗겨 내린다.

2_ 깨끗이 씻은 후 끓는 물에 소금을 약간 넣고 살짝 데치는데, 줄기를 만져 보아 부드러우면 찬물에 건져 낸다.

3_ 데친 머위잎을 쌀뜨물에 30분쯤 담가 쓴맛을 우려낸다.

4_ 된장을 체에 걸러 분량의 양념장 재료와 섞는다.

5_ 쓴맛을 우려낸 머위잎의 물기를 살짝 짠 후 양념장에 넣어 무친다.

6_ 들깻가루를 넣고 다시 고루 무친다.

7_ 마무리로 참기름이나 들기름을 두르고 간을 맞춰 담아 낸다.

신선하게 즐기는 영양 듬뿍 밑반찬
나물, 무침, 장아찌, 김치

들나물무침

물쑥은 냇가의 습지에서 자라며 봄에는 뿌리와 줄기를 국이나 나물로 먹는데
맛이 달고 매우며 향기가 있다. 간 기능을 보호하고 식욕 증진에 좋다.
냉이는 흔히 먹는 식품으로, 간의 독을 풀고 눈을 맑게 하는 효능이 있다.
씀바귀는 독을 풀어 주고 가래를 없애며 새살을 돋게 하는 효능이 있다.

재료

물쑥·냉이·씀바귀 200g씩, 소금 약간

물쑥 양념 진간장·고추장·식초 1큰술씩, 설탕 1/2큰술, 깨소금 2작은술, 고춧가루 약간

냉이 양념 국간장 1큰술, 다진 파 1/2큰술, 다진 마늘 1작은술, 깨소금·참기름 2작은술씩

씀바귀 양념 된장 1큰술, 다진 파 1/2큰술, 다진 마늘 1작은술, 깨소금·참기름 2작은술씩, 고춧가루 약간

30min　140kcal　4인분

1_ 물쑥은 끓는 물에 소금을 약간 넣고 부드러워질 때까지 삶은 후 찬물에 한 번 씻어 물기를 뺀다. 억센 것은 골라내고 검은 것은 껍질을 벗긴다.

2_ 손질한 물쑥을 5cm 길이로 썬다.

3_ 냉이는 누런 잎을 다듬고 뿌리 쪽 검은 부분은 칼로 긁어낸다.

4_ 다듬은 냉이는 잎과 뿌리를 분리하고 긴 뿌리는 2등분 하여 깨끗이 씻는다. 이후 소금물에 살짝 삶아 찬물에 한 번 씻고 물기를 살짝 짠다.

5_ 씀바귀는 억센 부분을 다듬고 적당한 길이로 잘라 깨끗이 씻어 소금물에 살짝 삶는다. 찬물에 한 번 씻은 후 건져 물기를 짠다.

6_ 물쑥 양념을 만들어 물쑥을 넣고 고루 무친다.

7_ 냉이 양념을 만들어 냉이를 넣고 고루 무친다.

8_ 씀바귀 양념을 만들어 씀바귀를 넣고 고루 무친다.

산나물무침

참나물은 간 기능을 강화시켜 눈을 밝게 하고 체질 개선과 중풍 예방에 도움이 된다.
어수리나물은 3~5월에 피는 어린잎을 나물로 하는데, 향이 좋고 노화 방지, 당뇨병, 신경통, 요통 등에
효능이 있다. 두릅나물은 두릅의 새순으로, 독특한 향이 있고 혈당을 내리며
혈중 지질을 낮춰 당뇨병, 신장병, 위장병에 좋다.

재료

참나물·어수리나물·두릅나물 100g씩, 소금 약간

참나물 양념 국간장·참기름·깨소금 1작은술씩, 다진 파 1/2작은술, 다진 마늘 1/3작은술

어수리나물 양념 된장 2작은술, 다진 파 1/2작은술, 다진 마늘 1/3작은술, 참기름·깨소금 1작은술씩

두릅나물 양념 고추장·깨소금 2작은술씩, 다진 마늘 1/2 작은술, 식초·설탕 1작은술씩

Essential Tip

1. 산나물은 너무 어리지 않은 것이 좋으며 윤기가 있고 살이 많은 것이 좋아요. 어수리나물은 줄기가 세지기 전에 채취해요.
2. 참나물은 향과 맛이 담백하므로 진한 양념은 어울리지 않으며 취나물은 쓴맛이 진하기 때문에 된장과 잘 어울려요. 두릅나물은 초고추장을 찍어 먹어도 잘 어울려요. 이외에 소고기나 돼지고기를 넣어 섞기도 하지만 산뜻한 맛이 덜해요. 산나물을 가장 맛있게 먹으려면 맛좋은 국간장에 무치는 것이 제일이에요. 나물을 무칠 때는 뽀얀 물이 생기도록 무쳐야 맛있어요.

30min · **68kcal** · **4인분**

1_ 참나물은 깨끗이 씻어서 건진 후 3등분 한다.

2_ 어수리나물은 나쁜 것은 골라내고 긴 것은 잎사귀를 떼어 내어 깨끗이 씻어서 건진다.

3_ 두릅은 밑동을 깨끗이 정리하고 굵은 것은 2등분 혹은 4등분 하여 깨끗이 씻어 건진다.

4_ 끓는 물에 소금을 약간 넣고 각각의 나물을 알맞게 삶아 건진 후 찬물에 씻어 물기를 뺀다.

5_ 참나물 양념을 만들어 참나물을 넣고 고루 무친다.

6_ 어수리나물 양념을 만들어 어수리나물을 넣고 고루 무친다.

7_ 두릅 양념을 만들어 두릅을 넣고 고루 무친다.

달래무침

이른 봄 산과 들에서 캐는 달래는 알칼리성으로 식품으로 특히 칼슘이 많이 함유되어 있다.
달래는 열에 약해 가열하면 비타민 C가 60~70%로 낮아지므로 날것으로 먹는 것이 좋다.
성질이 따뜻하고 맛이 매우며 설사를 멎게 하고 독을 치료한다.
또 속을 덥혀 소화율을 높이고 위와 신장에 좋다.

20min   54kcal   4인분

1_ 달래는 뿌리의 흙을 털어 내고 잎 끝을 깨끗이 손질한 후 물에 여러 번 씻어 물기를 뺀다.

2_ 뿌리알이 굵은 것은 2등분 하거나 칼등으로 두드리고, 세로로 2등분 혹은 3등분 한다.

3_ 오이는 소금으로 문질러서 물로 씻고, 가시 부분을 칼날로 제거한 후 세로로 반을 잘라 0.2cm 두께로 어슷썰기 한다.

4_ 무는 껍질을 벗기고 깨끗이 씻어 1×4cm의 직사각형으로 얇게 썬다.

5_ 피조개살은 소금물에 살살 문질러 씻은 후 체에 건져 물기를 뺀다.

6_ 물기를 뺀 피조개는 내장을 제거하고 납작하게 2등분으로 저민다.

7_ 분량의 양념을 모두 섞어 피조개부터 넣고 무친다.

8_ 피조개에 양념이 배면 달래, 오이, 무를 넣고 가볍게 무쳐서 그릇에 담아 낸다.

열무두부무침

열무는 보리밥과 어울리는 식품으로, 말려서 무청으로도 이용하고
삶아서 나물로도 쓰는데, 무가 자라기 전에 솎아낸다고 하여 솎음무라고도 한다.
김치로 가장 많이 이용되며, 오이소박이와 함께 여름철의 대표적인 김치이다.

열무 400g, 두부 50g, 된장 3큰술, 소금·참기름 1큰술씩,
통깨 약간

양념 다진 파 1큰술, 다진 마늘·참기름 1/2큰술씩, 깨
소금·멸치가루 2작은술씩, 진간장 1작은술, 고춧가루
1/2작은술

밑간 국간장 1/2큰술, 참기름 1큰술

20min   **65kcal**   **4인분**

1_ 열무는 잘 다듬어 깨끗이 씻은 다음 끓는 물에 소금을 넣고 약간 무르게 데쳐서 찬물에 여러 번 씻는다.

2_ 씻은 열무의 물기를 꼭 짜고 5cm 길이로 자르거나 그대로 두고 밑간으로 무친다.

3_ 두부는 면포로 물기를 꼭 짠 후 도마에 놓고 으깬다.

4_ 으깬 두부에 된장을 넣어 양념한다.

5_ 냄비에 참기름을 두른 후 양념한 두부를 넣고 약한 불에서 볶으면서 나머지 양념도 모두 넣고 살짝 볶는다.

6_ 손질한 열무에 볶은 양념을 넣고 뽀얀 국물이 나도록 주물러 맛이 들게 무친다.

7_ 그릇에 담고 통깨를 뿌려 낸다.

황포묵무침

묵무침은 묵에 미나리, 소고기, 달걀 지단을
함께 넣어 만들어 먹는 음식으로, 새콤달콤한 맛이 입맛을 돋운다.
황포묵은 녹두 앙금에 노란 치자물을 섞어 쑨 묵으로, 탱글탱글한 식감이 입맛을 돋운다.

황포묵 200g, 미나리 100g, 숙주 50g, 홍고추 1/2개, 소고기(아롱사태) 100g, 달걀 1개, 김 1장, 소금 약간

황포묵 밑간 참기름·소금 약간씩

소고기 삶는 물 마늘 3쪽, 건고추 2개, 생강 1쪽, 통후추 약간, 물 2컵

양념장 진간장 2큰술, 식초·설탕 1큰술씩, 다진 파 1/2큰술, 다진 마늘 1작은술, 참기름·깨소금 2작은술씩

40min 99kcal 4인분

1_ 황포묵은 5cm 길이로 젓가락 굵기만큼 채 썬다.

2_ 채 썬 황포묵을 참기름과 소금에 무쳐 밑간을 한다.

3_ 소고기는 분량의 재료를 넣고 삶아 편육을 만들어 가늘게 채 썬다.

4_ 미나리는 잎을 떼서 다듬고, 숙주는 거두절미하여 각각 끓는 물에 소금을 넣고 살짝 삶는다. 찬물에 식힌 후 건져 물기를 살짝 짜고 미나리는 5cm로 썬다.

5_ 홍고추는 씨를 빼고 가늘게 채 썬다.

6_ 김은 살짝 날려굽기 하여 가위로 5cm 길이로 곱게 자르고, 달걀은 황백 지단을 부쳐 김과 같은 길이로 채 썬다.

7_ 그릇에 황포묵, 미나리, 숙주, 채 썬 소고기 편육을 모양 있게 돌려 담고 분량의 양념장을 만들어 뿌린다.

8_ 양념장 위에 홍고추채와 황백 지단, 김을 올려 낸다.

메밀묵김치무침

메밀묵은 겨울철 별미 음식으로,
화려한 맛은 없지만 담백하고 고소해 예부터 즐겨 먹었다.
메밀은 속을 차게 하는 성질이 있어 너무 많이 먹는 것은 좋지 않다.

재료

메밀묵 1모(400g), 김치 100g, 김 1장, 다진 마늘·진간장 1작은술씩, 참기름·깨소금 1큰술씩, 후춧가루·소금 약간씩

 20min　 118kcal　 4인분

1_ 메밀묵은 한 번 씻은 후 4등분 하고, 다시 한 덩어리를 두께로 2등분 한 뒤 1cm 두께로 썬다.

2_ 큰 그릇에 다진 마늘, 진간장, 참기름 1/2큰술, 소금과 후춧가루를 약간씩 넣고 잘 섞은 후 메밀묵을 넣어 밑간을 한다.

3_ 김치는 국물을 약간만 짜고 머리를 자른 후 송송썰기 하여 참기름, 깨소금을 넣어서 무친다.

4_ 밑간한 메밀묵에 양념한 김치를 넣고 고루 섞는다.

5_ 김을 날려 구운 후 비닐봉지에 담아 잘게 부순다.

6_ 메밀묵을 그릇에 담고 부순 김을 올린다.

콩나물겨자채

겨자는 재배 식물 중에서 가장 오래된 것 중 하나이다.
겨자에는 흑겨자와 백겨자가 있는데, 흑겨자가 더 자극성이 강하다.
폐렴, 기침, 감기, 요통, 좌골신경통, 관절염, 디스크, 신경통, 각종 통증과
중이염, 피로 회복, 초조감, 생리통 등에 탁월한 효과가 있다.

굵은 콩나물 200g, 소고기(우둔살)·쪽파·당근 50g씩, 채 썬 마늘·채 썬 생강 1큰술씩

콩나물 삶는 물 물 3컵, 소금 1작은술

겨자 소스 불린 겨자·식초·설탕 1큰술씩, 참기름·소금 약간씩

1. 겨잣가루는 색이 노랗고 입자가 고우며 검은색이 없는 것이 좋아요.
2. 콩나물 외에 청·홍피망을 넣어도 되고 고사리, 도라지, 더덕 등을 사용해도 좋으며, 고기 대신 햄을 사용해도 돼요.

30min　90kcal　4인분

1_ 콩나물은 머리와 꼬리를 떼고 깨끗이 씻은 다음 끓는 물에 소금을 약간 넣고 비린내가 안 나게 살짝 삶아 건진다.

2_ 소고기는 푹 삶아 콩나물 굵기로 채 썬다.

3_ 쪽파는 5cm 길이로 자른 후 끓는 물에 살짝 데쳐서 찬물에 한 번 씻어 건진다.

4_ 당근은 길이대로 가늘게 채 썰어 살짝 볶는다.

5_ 겨자를 되직하게 개어 뜨거운 냄비 뚜껑 위에 거꾸로 10분쯤 엎어 둔다.

6_ 발효된 겨자와 다른 소스 재료들을 섞어 겨자 소스를 만든다.

7_ 삶은 콩나물과 쪽파, 당근, 소고기를 한데 섞고 채 썬 마늘과 생강을 넣은 후 겨자 소스로 무쳐 그릇에 담는다.

연근초절임

민간요법에서는 연의 뿌리, 잎, 꽃잎, 열매, 싹을
별도로 이용하는데, 뿌리를 짓찧어 바르거나 마시면
지혈의 효과가 있다고 한다. 연뿌리로 죽을 쑤어 먹으면
출혈성 위궤양이나 위염에 효과가 있고
혈액순환이 안 되어 뭉친 피를 분산시키며
소화력을 증진시키고 기분을 상쾌하게 해준다.
연근을 차로 마시면 피부가 고와진다.

재료

연근 100g, 비트 20g
연근 삶는 물 물 1컵, 식초 1큰술
단촛물 식초 1/2컵, 설탕·물 3큰술씩, 소금 약간

 15min  65kcal  4인분

1_ 연근은 가늘면서 살이 통통한 것으로 골라 껍질을 벗기고 깨끗이 씻는다.

2_ 손질한 연근을 0.3cm 두께로 썬다.

3_ 냄비에 물과 식초를 넣고 끓이다가 끓으면 연근을 넣고 아삭할 정도로 살짝 데쳐 건진다.

4_ 비트는 껍질을 벗기고 가늘게 채 썬다.

5_ 분량의 재료들을 섞어 단촛물을 만든다.

6_ 단촛물에 채 썬 비트를 넣고 잠시 둔다.

7_ 단촛물에 붉은색이 우러나오면 데친 연근에 붓고 원하는 색이 곱게 들 때까지 둔 후, 비트를 건져 내거나 그냥 두고 먹는다.

무말랭이젓지

꼬들꼬들하게 말린 무말랭이는 밑반찬 중에서도 별미다.
무말랭이는 무가 맛있는 가을철에 하는 것으로 알고 있으나 단맛이 강해지는
음력설을 지나 말리는 것이 가장 맛있다. 식물성으로는 드물게 칼슘이 풍부하여
어린이나 임산부에게 좋고, 식이섬유가 많아 대장 활동을 원활히 도와 주며
변비, 소화불량, 신장, 간장, 골다공증에 좋다.

무말랭이 200g, 말린 고춧잎 50g, 액젓·고춧가루 2큰술씩, 진간장 2작은술, 다진 마늘·설탕 1큰술씩, 쪽파 3뿌리, 물엿·참기름·통깨 1작은술씩, 소금 약간

1. 하얗게 말린 것은 기계에 말린 것이고, 약간 황색이 나는 것이 햇볕에 잘 말린 것이며, 검은색이 나는 것은 날씨가 좋지 않을 때 말린 것이에요.
2. 무말랭이를 물에 너무 많이 불리면 섭히는 맛이 별로 없으므로 살짝 불려 양념 간을 하세요. 그래야 간이 무말랭이에 배면서 부드러워지고 맛있어요.

20min | 166kcal | 4인분

1_ 무말랭이는 미지근한 물에 한 번 씻어 낸 후 다시 미지근한 물에 잠길 정도로 담근다.

2_ 말린 고춧잎은 미지근한 물에 잠길 정도로 담가 두었다가 원하는 정도로 불면 깨끗이 씻어 물기 없이 꼭 짠다.

3_ 무말랭이가 부드럽게 원하는 질감으로 불면 물기를 꼭 짠다.

4_ 큰 그릇에 액젓, 진간장, 고춧가루, 설탕, 물엿, 다진 마늘을 넣고 잘 섞는다.

5_ 양념에 불린 무말랭이와 고춧잎을 넣고 버무린 다음 많이 주물러 간이 배도록 한다.

6_ 쪽파는 깨끗이 씻은 후 2cm 길이로 잘라 무친 무말랭이에 넣고 섞는다.

7_ 참기름, 통깨도 넣어 다시 잘 버무린 다음, 간을 보아 싱거우면 소금으로 간을 맞춘다.

톳두부무침

톳은 모자반과에 속하는 해조류로 겨울에 자라기 시작하여 이듬해 이른 봄에 채취한다.
탄수화물이 많고 무기질이 풍부한 알칼리성 식품으로 식이섬유 함량 또한 높아,
최근 건강식품으로 각광을 받고 있다. 톳에는 리신이 부족하기 때문에
콩 식품과 함께 섭취하면 톳에 부족한 리신을 섭취할 수 있어 좋다.

톳 100g, 두부 50g, 참기름 1/2큰술, 소금 약간
두부 양념 다진 파 1/2작은술, 다진 마늘 1/3작은술, 참기름·깨소금 1/2큰술씩, 후춧가루 약간

1_ 톳은 너무 길지 않은 것으로 구입하여 잡티를 고르고, 긴 것은 반으로 자른다.

2_ 다듬은 톳을 맑은 물이 나올 때까지 깨끗이 씻은 후 끓는 물에 소금을 약간 넣고 데친다.

3_ 톳이 파래지면 바로 건져 찬물에 재빨리 씻는다.

4_ 소쿠리에 건져 물기를 쪽 뺀다.

5_ 물기를 뺀 톳에 참기름과 약간의 소금을 넣고 무친다.

6_ 두부는 도마에 놓고 칼날로 곱게 으깬다.

7_ 큰 그릇에 분량의 양념을 넣어 고루 섞은 후 으깬 두부를 넣고 무친다.

8_ 양념한 두부에 톳 무친 것을 넣고 다시 한 번 무치면서 간을 맞춘다.

미역귀무침

미역귀는 미역뿌리의 바로 위에 나사형의 귀모양으로 붙어 있는 부분으로,
미역에서 가장 영양분이 많고 다시마보다 많은 점액질을 가지고 있다.
저칼로리 식품으로 포만감을 주어 변비와 다이어트에 도움이 되는데,
이것은 식물성 섬유가 들어 있어 위 속에서 수십 배로 불어나는 성질이 있기 때문이다.

말린 미역귀 50g, 매실청 3큰술, 고추장 2큰술, 참기름·
깨소금 1큰술씩, 다진 마늘 약간

 25min
 30kcal
 20인분

1_ 말린 미역귀는 젖은 면포로 잘 닦는다.

2_ 닦은 미역귀는 먹기 좋은 크기로 자른다.

3_ 고추장에 매실청, 참기름, 다진 마늘을 넣고 잘 섞는다.

4_ 자른 미역귀를 양념에 넣고 버무린다.

5_ 깨소금을 넣고 다시 한 번 버무려 부드러워질 때까지 잠시 둔다.

6_ 부드러워진 미역귀를 통이나 병에 담아 두고 촉촉해지면 먹는다.

꼬막무침

꼬막은 벌교에서 잡은 것을 제일로 친다. 수심이 깊은 10m 진흙 바닥에
살고 있으며 살이 붉고 겨울에 제맛이 난다. 꼬막은 소화 흡수가 잘 되는
저지방·고단백 식품으로, 철분과 각종 무기질이 많이 함유되어 있으며
저혈압 개선과 아이들 성장에도 도움이 된다.

꼬막 1kg, 소금 약간

양념장 진간장·송송 썬 쪽파 1큰술씩, 다진 마늘·참기름
1/2큰술씩, 고춧가루·깨소금 1작은술씩

30min **227kcal** **4인분**

1_ 꼬막은 물에 담가 겉면을 박박 문질러 지저분한 것을 깨끗이 씻어 내고, 연한 소금물에 담가 하루 정도 해감한다.

2_ 냄비에 물을 붓고 센 불에서 끓이다가 공기 방울이 올라오기 시작하면 해감한 꼬막을 넣은 후 냄비 뚜껑을 열어 둔
채 끓인다. 다시 끓기 시작하여 조개 입이 벌어지면 냄비 뚜껑을 닫아 불을 끄고 2~3분간 둔다.

3_ 잠시 후 뚜껑을 열어 보아 꼬막 입이 다 벌어졌으면 건져서 속살을 하나하나 꺼내 무침 그릇에 담는다. 일부는 한쪽
껍질만 떼고 살은 떨어지게 하여 다시 껍질 한쪽에 담는다.

4_ 분량의 재료를 모두 섞어 양념장을 만든다.

5_ 양념장의 1/3은 껍질에 담은 살 위에 살짝 얹는다.

6_ 나머지 양념장은 살만 있는 그릇에 넣어 무친다.

생해삼된장무침

해삼은 허약 체질을 보강하는 데 좋고, 당뇨병과 천식에 그 어떤 약보다도
효력이 있다고 한다. 특히 폐 조직이 말라 있는 사람과 신경성으로 몸의 진이
빠진 사람에게 좋고, 말린 것보다는 생해삼이 더 좋다. 해삼을 손질할 때
나오는 내장은 해삼 창자젓으로 이용하면 좋다.

재료

생해삼 300g, 쪽파 2뿌리, 된장(염도가 낮은 것)·식초·
유자청·깨소금 1큰술씩, 설탕 1작은술

 20min  63kcal  4인분

1_ 해삼은 흑해삼이나 겨울 해삼을 살아 있는 것으로 준비하여 돌기가 없는 배 쪽을 갈라 내장을 꺼낸 후 깨끗이 씻어
건진다.

2_ 물기를 뺀 해삼을 등이 위로 올라오게 엎어 놓고 길이대로 최대한 곱게 썬다.

3_ 그릇에 된장, 식초, 유자청, 설탕을 넣고 잘 섞는다.

4_ 양념에 채 썬 해삼을 넣고 고루 무쳐 잠깐 두었다가 살이 오돌오돌해지고 간을 보아 싱거우면 된장을 더 넣고 무친다.

5_ 쪽파를 송송 썰어 깨소금과 함께 넣고 무친 후 그릇에 담아 낸다.

한치명란젓무침

한치는 살이 물러 예전에는 대접을 제대로 받지 못했던 생선으로, 다리가 짧아 한 치밖에
안 된다고 하여 '한치'라고 한다. 한치는 9월부터 잡히기 시작해 겨울철까지 많이 잡히는데,
살이 부드러워 날것으로 많이 먹고 오징어보다 담백하고 구수하다.
또한 뭉친 혈을 풀어 주고 정신을 맑게 해준다고 한다.

한치 3마리, 명란젓 2덩이, 깨소금 1작은술, 쪽파 2뿌리,
굵은 소금 · 소금 약간씩

20min　**22kcal**　**10인분**

1＿ 한치는 배 쪽에 칼집을 넣고 갈라 내장을 뺀다.

2＿ 굵은 소금을 묻혀 껍질을 벗기고 다리의 껍질도 벗긴다.

3＿ 껍질 벗긴 한치를 물에 깨끗이 씻은 후 면포나 키친타월로 싸서 물기를 제거한 다음, 세로로 2등분 하여 가늘게 채 썬다.

4＿ 명란젓은 반으로 갈라 칼로 알만 긁어내고, 쪽파는 송송 썬다.

5＿ 그릇에 명란젓과 채 썬 한치를 넣고 골고루 무친다.

6＿ 간을 보아 싱거우면 소금으로 간을 맞추고, 송송 썬 쪽파와 깨소금을 뿌려 낸다.

멍게젓갈무침

멍게는 수온이 높아지는 늦봄부터 여름이 제철이며 3~4년 정도 된 참멍게가 맛이 좋다.
저칼로리 식품으로 노화를 방지하고 숙취해소에 도움을 주며,
강장 효과가 있는 글리코겐이 제철 멍게에 가장 많다.
멍게에 있는 타우린 성분은 단백질 분해와 담즙 분비를 촉진시키고
몸속의 독소를 제거하며 치매 예방에 도움을 준다.

멍게 10개, 쪽파 · 미나리 30g씩, 홍고추 1/3개, 소금 약간

양념 멸치(또는 까나리)액젓 2큰술, 고춧가루 1큰술, 설탕 · 다진 파 1작은술씩, 깨소금 1/2큰술

 **20min**  **44kcal**  **10인분**

1_ 멍게는 2개의 큰 돌기 부분을 먼저 잘라 내고 뿌리 쪽을 자른 후 가위로 한쪽을 속살과 함께 자른다.

2_ 자른 멍게의 껍질을 벗기고 속살을 빼낸다.

3_ 살을 도마에 펼쳐 놓고 칼로 내장을 깨끗이 훑어 낸다.

4_ 손질한 멍게는 흐르는 물에 재빨리 씻어 건져 물기를 뺀 후 3등분 하여 키친타월로 물기를 제거한다.

5_ 쪽파와 미나리는 다듬어 깨끗이 씻은 후 물기를 빼고 3cm 길이로 썬다.

6_ 홍고추는 씨를 빼고 곱게 채 썰어 분량의 양념 재료와 섞는다.

7_ 양념에 멍게를 먼저 넣어 무친다.

8_ 멍게에 양념이 배면 미나리와 쪽파를 넣고 다시 버무려 소금으로 간을 맞춘 후 용기에 담는다.

꽃게무침

게는 밤에 섭식 활동을 해 주로 밤에 잡는데,
보름밤에 잡은 것보다 그믐밤에 잡은 것이
살이 많고 맛있다고 한다. 꽃게에는 타우린이
들어 있어서 시력 회복, 당뇨병 등에 효능이 있으며,
한방에서는 모든 열을 제거하고 위의 기운을
조절하며 소화력을 높인다고 알려져 있다.

수꽃게 3마리, 청·홍고추 1개씩, 대파 1/2뿌리
무침 양념 까나리액젓·국간장·양파즙 2큰술씩, 물엿 3큰술, 고춧가루 6큰술, 설탕·생강즙·깨소금 1큰술씩

20min | **256kcal** | **4인분**

1_ 꽃게는 살아 있는 것으로 구입하여 솔로 깨끗이 씻은 후 비닐 팩에 넣고 2시간 정도 냉동해 기절시킨다.

2_ 살짝 언 꽃게의 배딱지와 껍데기를 뗀 후 껍데기의 내장은 따로 빼 둔다.

3_ 꽃게의 다리 끝 한 마디를 가위로 잘라 내고, 다리와 몸체를 붙인 채 토막을 낸 후 물기를 뺀다.

4_ 청·홍고추는 어슷썰기 하여 물에 씻어 씨를 제거하고, 대파도 깨끗이 씻은 후 어슷 썬다.

5_ 무침 양념 재료들을 넓은 그릇에 넣고 섞어 양념장을 만든다.

6_ 양념장에 토막 낸 꽃게를 넣고 고루 무쳐 30분 이상 두었다가 어슷 썬 청·홍고추와 대파를 얹어 낸다.

간장게장

꽃게는 우리나라의 서해안에서 주로 잡히며 수컷은 청색이고 암컷은 황갈색이다.
3월이면 해수 온도가 올라가면서 동면에 들었던 꽃게가 서서히 모습을 드러내는데,
이때부터 살이 오르기 시작해 4월이면 단맛과 살이 최고조에 이르고 알이 꽉 찬다.

암꽃게 1kg, 물 약간, 통마늘 1개, 홍고추 3개,

1차 달일 물 물 10컵, 멸치 50g, 양파 1/2개, 대파 1/2뿌리, 생강 2쪽, 대추 5개, 양조간장 3컵, 국간장 1컵, 다시마 10cm 1장

2차 양념 물엿 1컵, 당귀 10g, 계피 5g, 매실즙·정종 1/2컵씩

1. 꽃게는 등 쪽이 까칠하고 배 중간 부분에 멍이 없는 것이 싱싱해요. 또 다리를 만져 보아 단단하고 배딱지 부분이 볼록한 것이 살이 차고 맛있어요.
2. 향신료로 천궁, 둥굴레, 황기 등 다른 종류를 넣어도 되지만 너무 많이 넣진 마세요. 더운물에서 서식한 게는 살이 녹아내릴 수 있으므로 찬물에서 서식한 게가 좋아요. 간장과 물의 비율은 원하는 염도에 따라 달라질 수 있으므로 적당히 가감하세요.

40min **130kcal** **10인분**

1_ 꽃게는 등딱지와 다리 사이의 이물질을 솔이나 소금으로 깨끗이 씻는다.

2_ 깨끗이 씻은 꽃게를 건져 물기를 뺀다.

3_ 단지에 꽃게를 배 쪽이 위로 보이게 차곡차곡 넣는다.

4_ 냄비에 1차 달일 물의 재료 중 양조간장과 국간장, 다시마를 제외한 재료를 넣고 중간 불에서 끓인다. 물이 6컵 정도 되면 양조간장과 국간장을 넣어 더 끓인다.

5_ 다 끓였으면 다시마를 넣고 불을 끈 후 체에 걸러 식힌다.

6_ 단지에 식은 간장물을 붓고 뚜껑을 덮어 냉장 보관한다.

7_ 하루가 지나면 꽃게를 건지고 냄비에 간장물을 붓고 끓이면서 2차 양념을 넣어 중간 불에서 끓인다. 이때 떠오르는 거품은 걷어 내고 물을 조금 더 넣어 끓인 후 식힌다.

8_ 간장물이 식으면 꽃게를 다시 단지에 담고 통마늘, 홍고추도 넣어서 간장물을 부은 후 냉장 보관한다. 3일 정도 지나 꺼내 먹는다.

가자미와 무를 고춧가루에 무쳐 발효시킨

가자미식해

살이 부드럽고 쫄깃쫄깃한 갈가자미는 뼈가 약하기 때문에 잘 발효시키면 뼈가 없어져 먹기 좋다. 단백질이 평균량보다 많은 우수 단백질 식품으로, 소화를 돕고 근육과 심장의 활동을 돕는다. 가자미식해는 가자미의 뼈가 녹아 있기 때문에 비타민 D의 함량이 높아 뼈와 치아를 구성하는 활동을 돕는다.

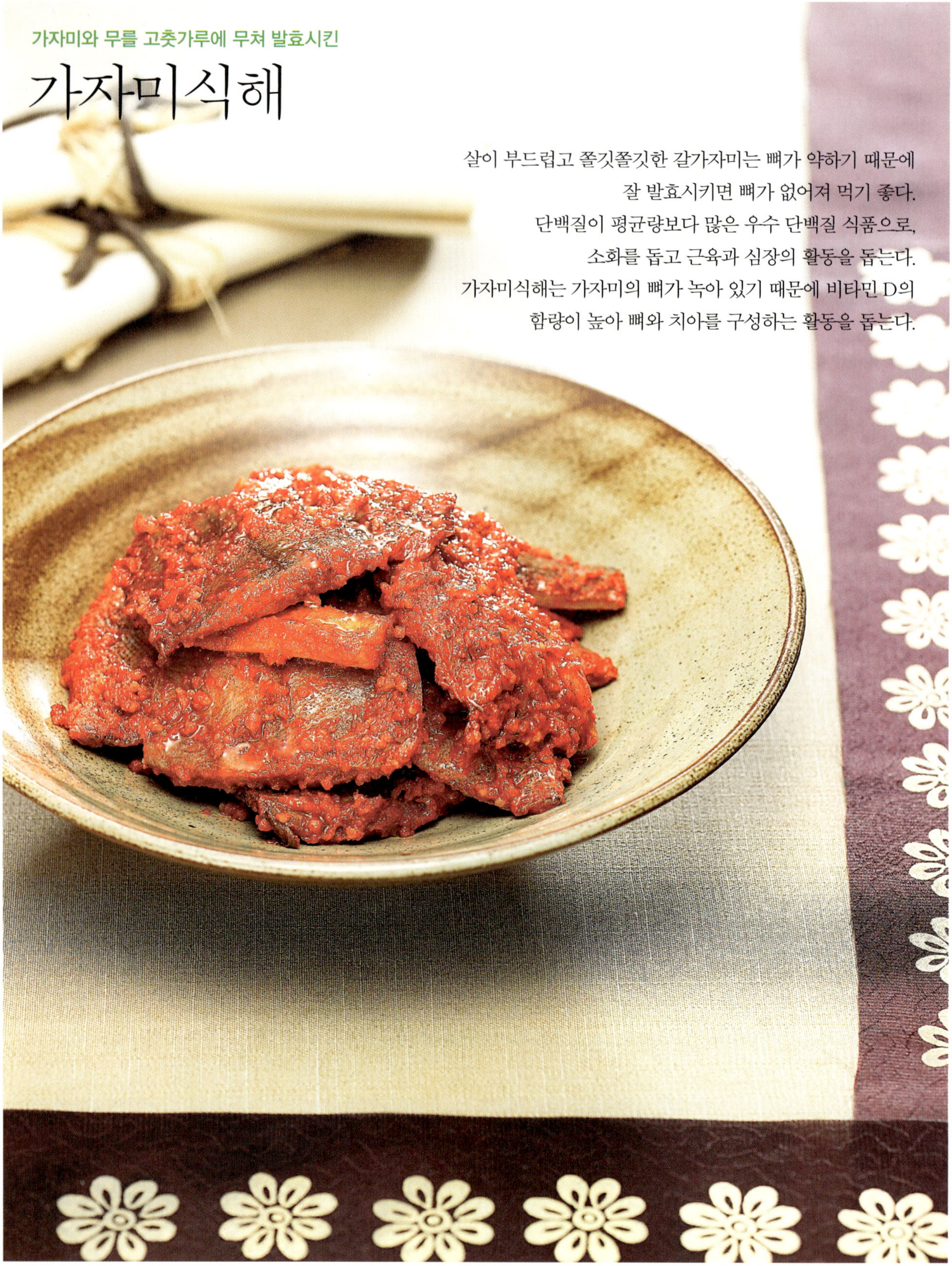

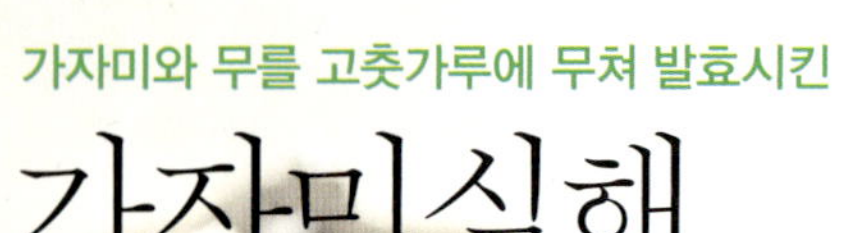

1_ 가자미 비늘은 긁어서 제거하고 지느러미와 머리를 모두 자른 후 내장을 빼고 핏물이 없도록 깨끗이 씻는다.

2_ 씻은 가자미는 건져서 물기를 빼둔다. 통 바닥에 소금을 약간 뿌려 가자미를 넣은 후, 위에 소금을 뿌리고 뚜껑을 덮
어 하루 동안 간이 배도록 둔다.

3_ 노란 메좁쌀은 깨끗이 씻고 분량의 물을 부어 밥을 지은 후 식힌다.

4_ 무는 젓가락 굵기로 굵게 채 썬 후 소금을 약간 뿌려 절인다. 절인 무의 물기를 꼭 짜고 남은 물은 버리지 말고 양념
에 넣는다.

5_ 그릇에 분량의 양념을 모두 섞은 후 절인 가자미를 2등분 하여 무채와 함께 넣고 고루 비빈다. 여기에 좁쌀밥을 넣고
다시 잘 섞다가 무즙으로 좁쌀밥의 농도를 조절한다.

6_ 엿기름가루를 넣고 소금으로 간을 맞춘다.

7_ 단지에 꼭꼭 눌러 담아 실온에서 2일 정도 두었다가, 냉장고에 넣고 2주 정도 숙성시킨 후 꺼내 먹는다.

곰취된장장아찌

산나물의 제왕이라고 할 정도로 향이 좋고 쌉싸래한 맛이 좋은 곰취는 곰이 좋아한다고 하여
붙여진 이름으로, '웅소' '마제엽' '왕곰취' '곤대슬이' 등 많은 이름으로 불린다.
곰취의 뿌리는 폐를 튼튼하게 하고 가래를 삭이며 기침 및 감기 치료제로 이용한다.

곰취 300g

멸치 다시마 육수 멸치 50g, 다시마 10cm 1장, 물 10컵

양념장 된장 3큰술, 진간장·물엿 1/3컵씩, 설탕 1큰술, 소주 1/2컵

30min 25kcal 30인분

1_ 곰취는 깨끗하고 좋은 것으로 골라 한 장 한 장 흐르는 물에 씻는다.

2_ 씻은 곰취는 채반에 건져 물기를 뺀다.

3_ 물기를 뺀 곰취를 오지 단지에 담는다.

4_ 멸치 다시마 육수는 재료를 모두 냄비에 넣고 센 불에서 끓이다가 불을 중간 불로 낮춰 물이 6컵이 되도록 달인다.

5_ 육수가 달여지면 양념장을 넣고 끓인 후 한 김 식힌다.

6_ 곰취를 담은 단지에 식힌 양념장을 붓고 완전히 식으면 뚜껑을 덮는다. 2~3일 후 국물을 따라 내고 물 1컵을 부어 다시 끓이는데, 끓이면서 생기는 거품은 걷어 내고 물 1컵이 졸아들 정도로 잠깐만 끓여 완전히 식힌다. 식힌 국물을 다시 단지에 부어 뚜껑을 덮고 냉장 보관한다.

매실절임장아찌

매실은 중국이 원산지로
청매, 황매, 금매, 백매, 오매 등으로 분류한다.
청매는 파랗고 단단하며 신맛이 강하고,
황매는 청매가 익은 것으로 향이 좋다.
금매는 청매를 쪄서 말린 것이고, 백매는 소금에
절여 말린 것이며, 오매는 검은 것을 말한다.
매실은 인체의 혈액을 약알칼리성으로 만들며
피로 회복, 노화 방지, 살균 작용에 도움을 준다.

매실 1kg, 황설탕 500g, 흰설탕 200g, 솔잎 100g
장아찌 절인 매실 2컵, 고추장 1/2컵, 물엿 2큰술, 실깨
1큰술, 고운 고춧가루 1/2큰술

 40min　 18kcal　 50인분

1_ 매실은 꼬치를 이용해 꼭지를 떼고, 물에 깨끗이 씻은 후 건져 물기를 뺀다. 솔잎도 씻어 건져 물기를 뺀다.

2_ 작은 칼로 매실을 4등분 하거나 도마 위에서 나무주걱으로 눌러 으깬 후 씨를 발라낸다.

3_ 매실살과 솔잎을 고루 섞고 황설탕을 넣고 버무려 하룻밤을 둔다.

4_ 매실에서 즙이 나와 물기가 생기면 다시 한 번 고루 섞는다.

5_ 단지나 유리병에 꼭꼭 눌러 담고 위는 흰설탕으로 두껍게 덮어 3개월 정도 충분히 숙성시킨다.

6_ 숙성된 매실의 즙은 따라 내어 주스로 이용하고, 남은 매실살은 건져서 체에 밭쳐 물기를 뺀다.

7_ 고추장에 물엿과 고운 고춧가루를 넣고 섞은 후 매실살을 넣고 무친다.

8_ 마무리로 실깨를 뿌려 버무려 낸다.

명이나물장아찌

울릉도에는 '명이나물' 혹은 '맹이나물', 또는 '신선초'라고 하는 산마늘이 자생한다.
명이나물은 돼지고기와 맛이 잘 어울려 활짝 핀 명이를 간장에 절였다가 돼지고기를 싸 먹기도 한다.
명이는 스트레스, 암, 만성피로 등에 효능이 있고 체력과 정력을 얻는 자양강장 식품으로 알려지기도 했다.

재료

명이 1kg

캐러멜소스 설탕 1/2컵, 물 1/2컵
농도 맞추는 물 물 1/3컵
양념 진간장 2컵, 설탕 1.5컵, 물엿·식초·물 1컵씩, 캐러
멜소스 1/3컵

20min 26kcal 50인분

1_ 명이의 밑동에 묻은 흙을 털어 내고 얇은 막을 제거한다.

2_ 잎사귀를 줄기에서 하나하나 떼어 낸다.

3_ 명이를 흐르는 물에 한 장 한 장 깨끗이 씻어 건진 후 소쿠리에 담아 물기를 뺀다.

4_ 물기가 빠진 명이를 한 움큼씩 쥐어 단지에 담고 돌로 눌러 둔다.

5_ 캐러멜소스를 제외한 분량의 양념 재료들을 모두 섞어 냄비에 넣고 끓인다.

6_ 캐러멜소스는 팬에 분량의 설탕과 물을 넣고 서서히 조리면서 진한 갈색이 나올 때까지 태운 다음, 끓는 양념장에
넣는다.

7_ 양념장의 뜨거운 김이 한 김 나간 후에 단지에 붓는다. 하루 정도 지나 단지에서 양념장을 따라 내고, 여기에 물 1/3
컵을 부어 다시 한 번 끓여서 식힌 후 단지에 다시 붓는다. 2주 정도 지나면 먹을 수 있다.

신선하게 즐기는 영양 듬뿍 밑반찬
나물, 무침, 장아찌, 김치

죽순 장아찌

죽순은 채취 후 시간이 지남에 따라 잡맛이 증가하므로 바로 요리해 먹는 것이 좋다.
날것으로 먹을 때는 시아노겐이라는 유독 성분이 있어 좋지 않다고 한다.
죽순은 피를 맑게 하고 이뇨 작용을 도와 몸의 부기를 가라앉히며
고혈압, 동맥경화 예방에 좋다.

1_ 죽순의 껍질을 벗긴다.

2_ 죽순을 5cm 길이로 잘라 굵은 것은 4등분 하고 가는 것은 2등분 한다.

3_ 썬 죽순은 쌀뜨물 2컵에 삶는다.

4_ 삶은 죽순을 남은 쌀뜨물 2컵에 30분 이상 담가 아린맛을 뺀다.

5_ 죽순을 쌀뜨물에서 건져 한 번 씻은 후, 물기를 빼 단지나 유리병에 차곡차곡 담는다.

6_ 냄비에 멸치 육수, 진간장, 식초, 설탕, 물엿, 정종을 넣고 한 번 끓여서 식힌다.

7_ 식힌 간장물을 죽순에 부어 냉장고나 김치냉장고에 보관한다.

8_ 2주 정도 지나면 먹을 만큼 꺼내 큰 것은 먹기 좋은 크기로 썰어 그릇에 담고 간장물을 조금 끼얹어 낸다.

쓴맛이 나는 참외로 만들면 더욱 맛 좋은

참외장아찌

덜 익은 참외는 쓴맛이 강해 과일로 먹기보다는 장아찌를 담그면 저장 식품으로 먹기 좋다. 참외는 이뇨 작용이 있어 자기 전의 어린이에게는 먹이지 않지만, 갈증 해소에 효능이 있고 피로 회복에도 좋은 과일이다.

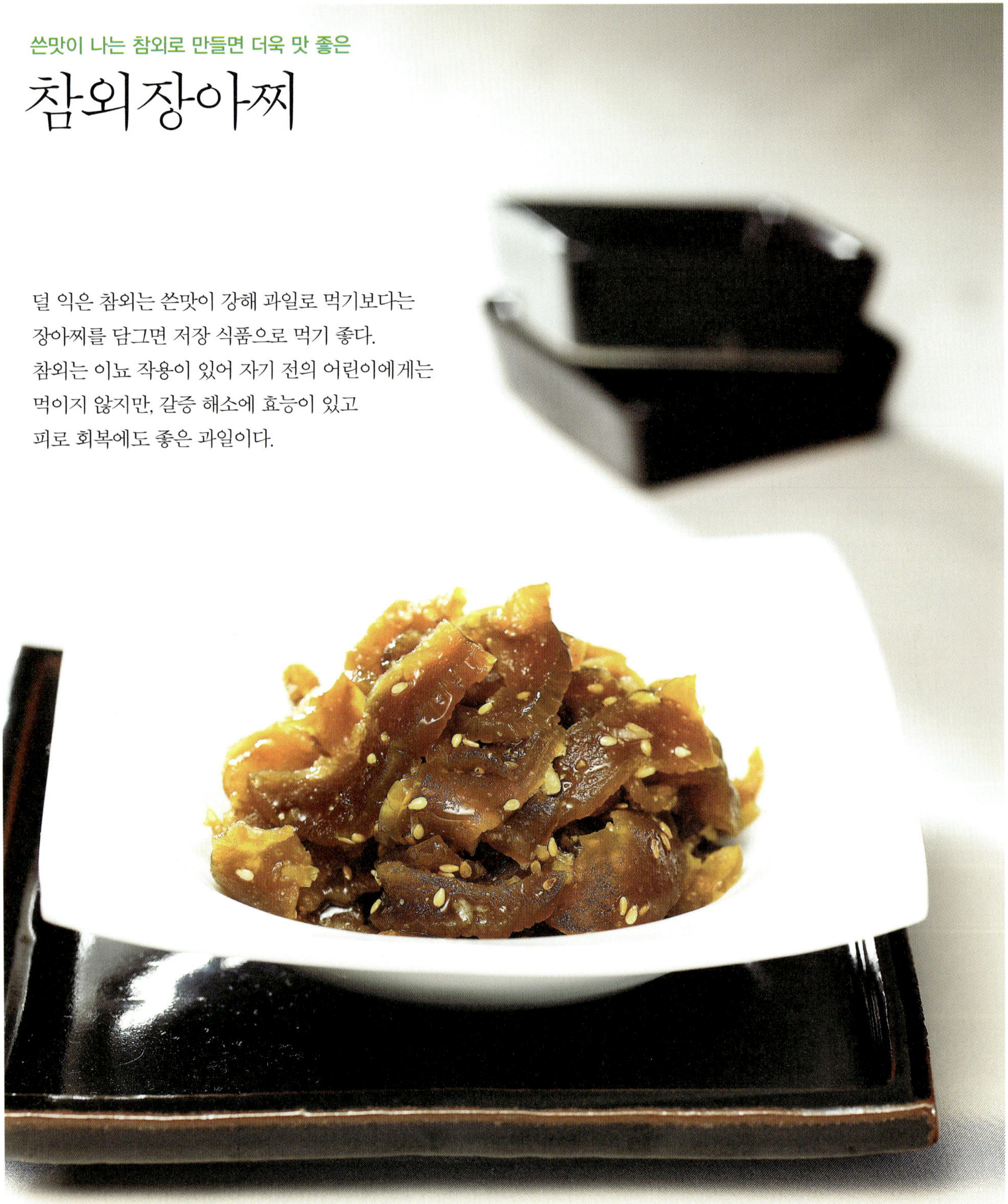

재료

참외 5개, 소금 1/3컵, 셀러리 2줄기

장아찌 국물 진간장·물 2컵씩, 설탕 2/3컵, 정종 1/2컵,
식초 1/4컵

무침 양념 참기름·깨소금·다진 파 1작은술씩, 다진 마
늘 1/2작은술

 20min
 10kcal
 40인분

1_ 참외는 꼭지를 따고 껍질을 벗긴 후 세로로 2등분 하여 씨를 빼낸다.

2_ 손질한 참외를 분량의 소금에 하루 정도 절이고, 셀러리는 씻어서 4등분 한다.

3_ 통에 셀러리를 깔고 절인 참외를 건져 물기를 뺀 후 꼭꼭 눌러 담아 무거운 것으로 눌러 놓는다.

4_ 장아찌 국물 재료들을 모두 냄비에 붓고 끓이다가 펄펄 끓으면 거품을 제거하고 불을 끈다.

5_ 끓인 장아찌 국물을 잠시 식힌 후 참외를 담은 통에 붓고, 다 식으면 뚜껑을 닫아 냉장고에 보관한다.

6_ 냉장고에 2주 정도 두었다가 맛이 들면 꺼내서 얇게 썬다.

7_ 썬 장아찌를 양념으로 무쳐서 그릇에 담아 낸다.

콩잎장아찌

콩잎은 경상도 지방에서 향토식으로 많이 먹는다.
풋콩잎은 풋비린내가 많이 나므로, 보리쌀을
삶은 물에 된장을 풀어 넣고 풋콩잎을 넣어 삭혀
물김치처럼 먹기도 하고, 건져서 쌈으로 먹기도 한다.
또 이렇게 익힌 것을 된장에 박아 장아찌로 만들기도
하고, 갖은 양념을 하여 쪄 먹기도 한다.

재료

풋콩잎 300g, 통깨 1작은술
양념장 된장 5큰술, 진간장 3컵, 사이다 1컵, 물엿 1/2컵,
설탕 1큰술
콩잎 절임물 물 5컵, 된장 1컵

 40min  23kcal  30인분

1_ 콩잎은 연하고 부드러운 풋콩잎으로 선택하여 깨끗이 씻은 후 10장씩 통에 담고 무거운 것으로 눌러 놓는다.

2_ 물에 된장을 풀어 콩잎에 붓고 실온에서 하루 동안 삭힌다.

3_ 다음 날 누르스름하게 익은 냄새가 나면 콩잎을 건져 물기를 뺀다.

4_ 거른 된장과 양념장 재료들을 합하여 걸쭉한 소스를 만든다.

5_ 콩잎 한 묶음씩을 소스에 적셔 다시 통에 꼭꼭 눌러 담고, 위에 무거운 것을 올려놓는다.

6_ 남은 양념장을 콩잎 위에 붓고 뚜껑을 꼭 닫아 그늘지고 시원한 곳에 두거나 냉장고에 둔다.

7_ 그때그때 꺼내어 통깨를 뿌려 먹는다.

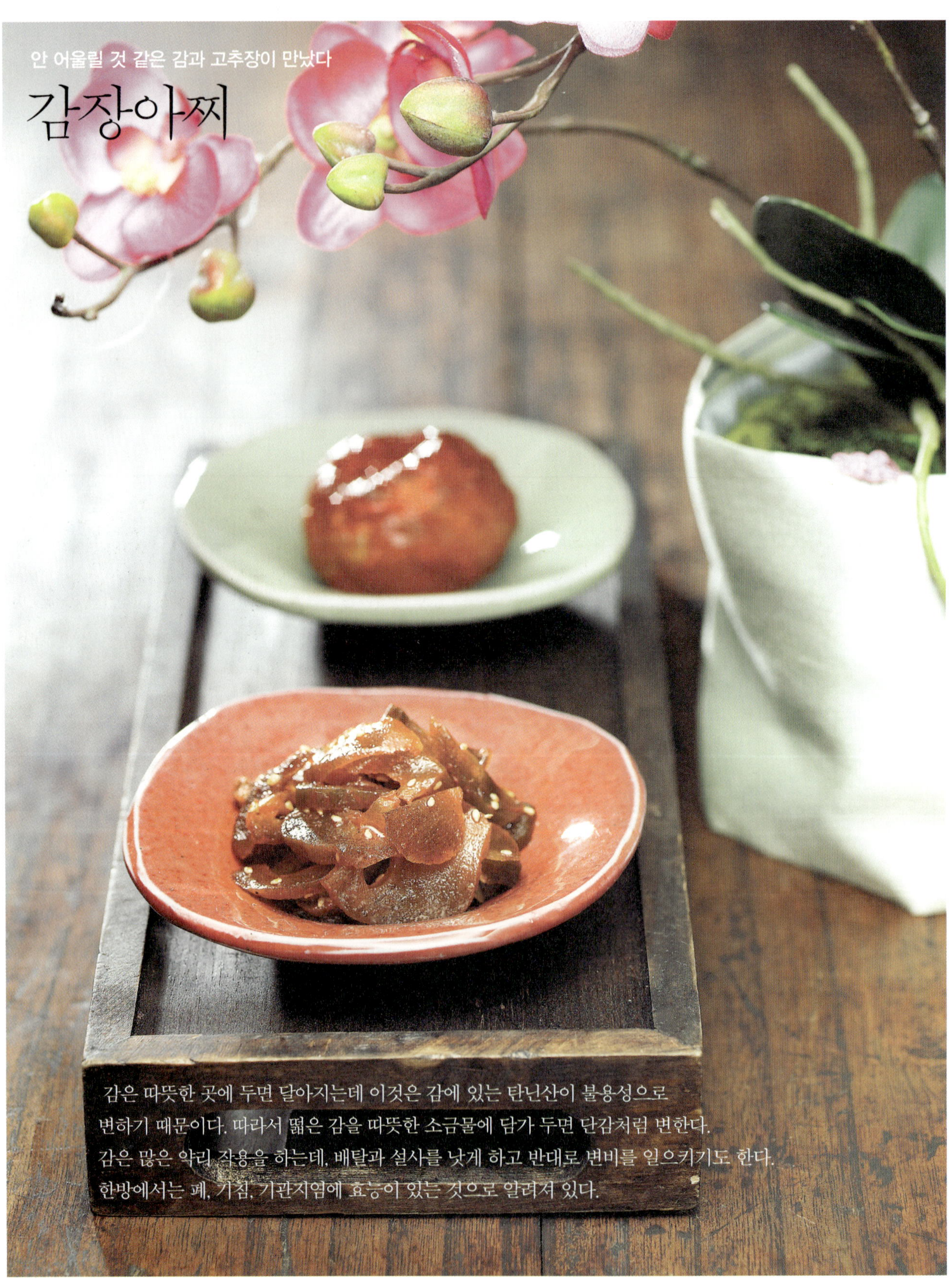

안 어울릴 것 같은 감과 고추장이 만났다
감장아찌

감은 따뜻한 곳에 두면 달아지는데 이것은 감에 있는 탄닌산이 불용성으로
변하기 때문이다. 따라서 떫은 감을 따뜻한 소금물에 담가 두면 단감처럼 변한다.
감은 많은 약리 작용을 하는데, 배탈과 설사를 낫게 하고 반대로 변비를 일으키기도 한다.
한방에서는 폐, 기침, 기관지염에 효능이 있는 것으로 알려져 있다.

재료

떫은 감 10개, 물 10컵, 소금 200g, 고추장 1kg, 참기름
1/2큰술, 깨소금 1작은술, 다진 파·다진 마늘 약간씩

30min　90kcal　4인분

1_ 단단한 떫은 감을 깨끗이 씻은 후 꼭지를 떼고 껍질을 벗긴다.

2_ 껍질 벗긴 감을 단지에 차곡차곡 담고 위에 나무젓가락을 ×자로 놓은 후 무거운 돌로 눌러 놓는다.

3_ 분량의 물에 소금을 넣고 끓이다가, 끓으면 불을 끄고 한 김 뺀 후 뜨거울 때 감 단지에 붓는다.

4_ 단지의 뚜껑을 닫지 않고 완전히 식힌 후 뚜껑을 닫아 일주일 정도 둔다. 감을 건져 채반에 널어 볕에 하루 정도 말린다.

5_ 물기를 말린 감을 고추장에 박아 1개월 정도 숙성시킨다.

6_ 숙성시킨 감을 꺼내어 고추장을 닦아 내고 썬 후 참기름, 깨소금, 다진 파와 마늘을 넣고 무친다.

느타리버섯장아찌

느타리버섯은 활엽수의 고목이나 죽은 나무에서 발생하는
사물 기생균으로서 군생하며, 특히 늦가을에 많이 돋아난다.
느타리버섯에는 항암, 콜레스테롤 저하, 허리 통증, 근육 경련,
수족 마비, 면역체계 강화 등에 효과가 있는 '플루'란 성분이 들어 있다.

느타리버섯 200g, 진간장 1/2컵, 설탕 3큰술, 정종 1큰술, 말린 산초 1/3작은술, 참기름·깨소금 약간씩

멸치 다시마 육수 멸치 50g, 다시마 20g, 무 30g, 대파·마늘 10g씩

1. 느타리버섯은 색이 진하고 습기가 없이 보송보송한 것이 좋아요.
2. 느타리버섯장아찌는 냉장고에서 일주일 정도면 익는데, 꺼내어 고추장을 넣고 무쳐 먹어도 맛있어요. 단, 물엿을 넣으면 질겨지므로 가급적 넣지 않는 것이 좋아요.

 25min
 31kcal
 10인분

1_ 느타리버섯은 흐르는 물에 살짝 씻은 후 채반에 놓고 물기를 뺀다.

2_ 물기가 빠진 느타리버섯을 뚜껑이 있는 깊은 그릇에 담고 무거운 것을 얹어서 누른다.

3_ 냄비에 멸치 다시마 육수를 만든 후, 건더기는 건져 내고 국물에 진간장, 설탕, 정종, 말린 산초를 넣고 끓여 멸치 장국을 만든다.

4_ 멸치 장국이 끓으면 불을 끄고 한 김을 빼 느타리버섯을 담은 그릇에 붓고, 완전히 식으면 뚜껑을 닫는다.

5_ 다음 날 멸치 장국을 냄비에 따라 내어 다시 끓인다. 완전히 식힌 후 또 다시 느타리버섯에 붓고 뚜껑을 닫아 냉장고에 보관한다.

6_ 느타리버섯장아찌를 꺼내 먹을 때는 결대로 찢은 후 참기름과 깨소금으로 무쳐 낸다.

오이선

오이선은 영양적인 면에서 보았을 때 비타민은 많지 않으나,
다량의 무기염류와 입맛을 돋우는 식감 때문에 여름철 식품으로서 가치가 높다.
수분이 많아 이뇨 효과가 있고 칼로리가 낮아 다이어트 식품으로도 각광을 받고 있다.

재료

오이 2개, 소고기(우둔살) 100g, 불린 표고버섯 1장, 달걀 1개, 국간장 1작은술, 실고추 · 소금(지단용) 약간씩

소금물 소금 1큰술, 물 1컵

소고기 · 표고버섯 양념 진간장 1큰술, 설탕 1/2큰술, 다진 파 1작은술, 다진 마늘 · 깨소금 · 참기름 1/2작은술씩, 후춧가루 약간

단촛물 식초 · 설탕 1큰술씩, 물 1/2큰술, 소금 1/2작은술, 진간장 약간

Essential Tip

1. 오이는 가늘고 짧으며 연한 것으로 고르세요.
2. 오이를 찌지 않고 팬에 볶으면 색이 좋고 아삭한 맛을 즐길 수 있지만 담백한 맛은 덜해요. 단촛물 대신에 겨자장을 곁들여도 좋아요. 또 단촛물을 미리 끼얹으면 누렇게 색이 변하므로 상에 올리기 직전에 끼얹어요.

 25min  128kcal  4인분

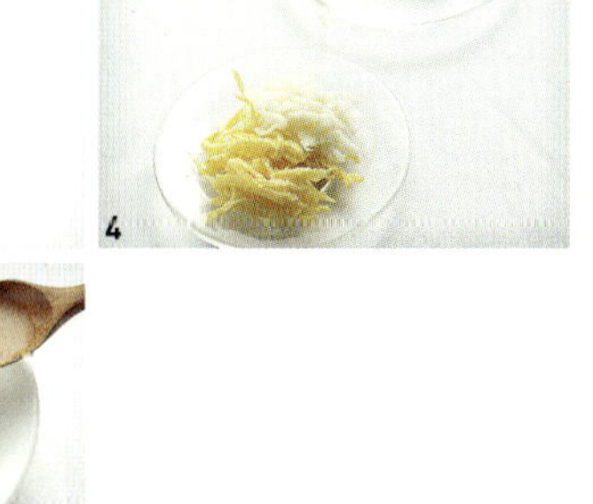

1_ 오이는 소금으로 문질러 이물질과 가시를 제거하고, 깨끗이 씻은 후 세로로 2등분 하여 0.7cm 간격으로 비스듬히 칼집을 넣고 4번째 칼집에 잘라서 소금물에 절인다.

2_ 오이가 절여지면 면포에 넣고 물기를 살짝 짜듯이 닦는다.

3_ 소고기는 결대로 곱게 채 썰고 표고버섯은 3장으로 포를 떠 가늘게 채 썬 후, 분량의 양념 재료들을 넣고 각각 양념을 하여 볶아서 합친다.

4_ 달걀은 황백으로 나누어 얇게 지단을 부쳐 식힌 후 2cm 길이로 곱게 채 썰고, 실고추도 같은 길이로 자른다.

5_ 오이의 어슷 썰어진 면이 앞으로 보이게 하여 양념한 소고기와 표고버섯을 첫 번째 칼집 사이에 넣고 달걀 황지단, 백지단을 차례로 넣는다.

6_ 찜통에 물을 넣고 끓이다가 김이 오르면 오이 담은 그릇을 넣고 약 5분간 쪄서 오이가 파랗게 되면 꺼내어 식힌다.

7_ 식은 오이를 예쁜 그릇에 담고 실고추를 올린 후 단촛물을 끼얹어서 낸다.

색도 세 가지 맛도 세 가지

더덕삼채냉채

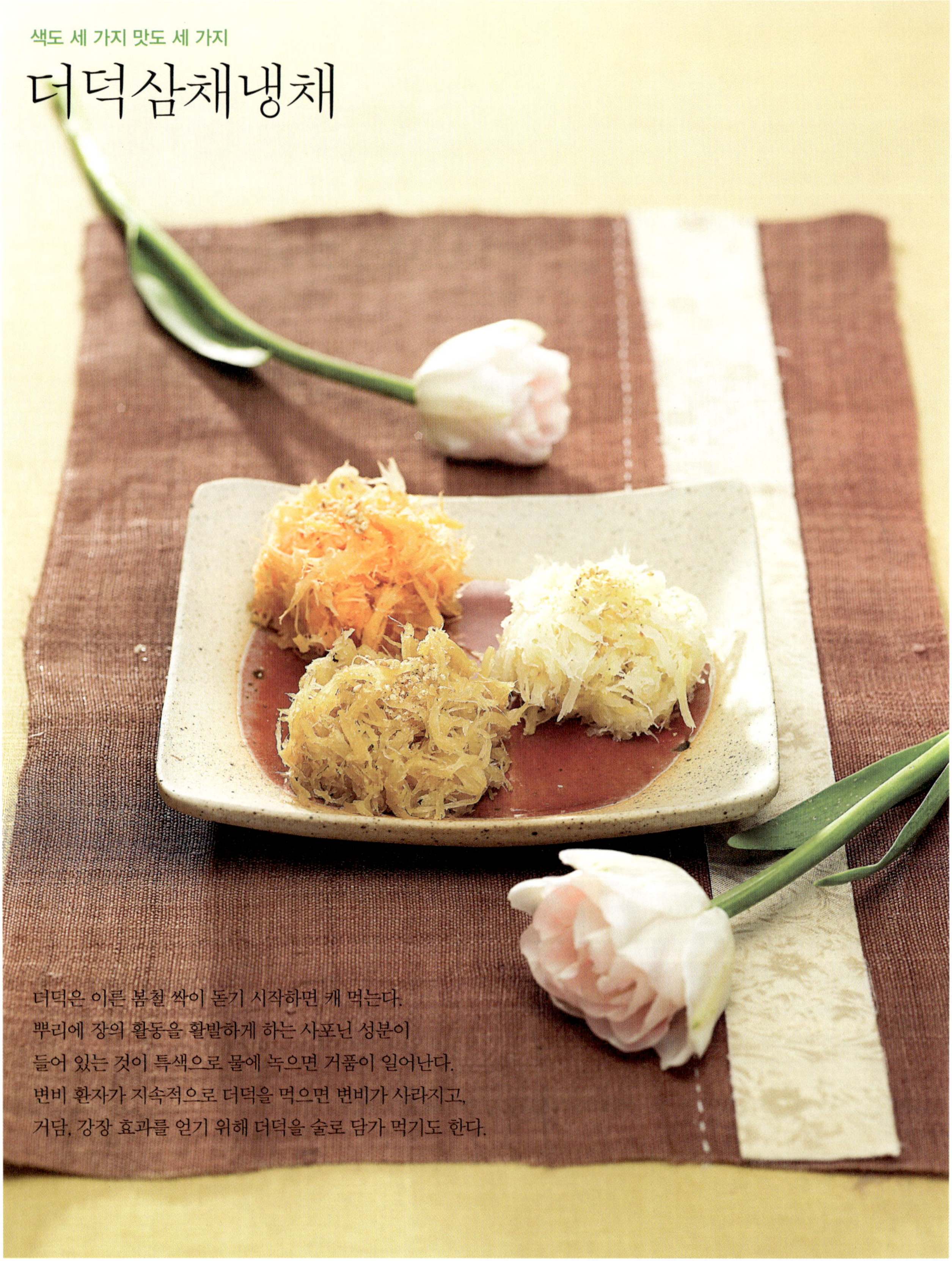

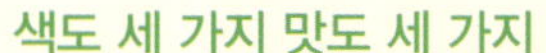

더덕은 이른 봄철 싹이 돋기 시작하면 캐 먹는다.
뿌리에 장의 활동을 활발하게 하는 사포닌 성분이
들어 있는 것이 특색으로 물에 녹으면 거품이 일어난다.
변비 환자가 지속적으로 더덕을 먹으면 변비가 사라지고,
거담, 강장 효과를 얻기 위해 더덕을 술로 담가 먹기도 한다.

재료

더덕 100g

소금물 물 1컵, 소금 2/3작은술

흰색 식초 1작은술, 설탕 1/2작은술, 소금 약간

검은색 진간장·식초 1작은술씩, 설탕 1/2작은술

붉은색 고운 고춧가루·설탕 1/2작은술씩, 식초 1작은술,
소금 약간

20min　**24kcal**　**4인분**

1_ 더덕은 석쇠를 달궈 살짝 굽는다.

2_ 구운 더덕은 돌려 가면서 껍질을 벗긴다.

3_ 벗긴 더덕은 깨끗이 씻은 후 약한 소금물에 10분간 담가 쓴맛을 뺀다.

4_ 더덕을 건져 물기를 닦고 절구에 넣어 곱게 찧는다.

5_ 두드린 더덕을 솜같이 부풀린다.

6_ 부풀린 더덕을 3등분 하여 각각 그릇에 담고 소금, 식초, 설탕을 넣고 하얗게 무친다.

7_ 진간장, 식초, 설탕을 넣어 검게 무친다.

8_ 고운 고춧가루, 식초, 설탕, 소금을 약간 넣어 붉게 무친다. 한 접시에 삼색을 골고루 담아 낸다.

신선하게 즐기는 영양 듬뿍 밑반찬
나물, 무침, 장아찌, 김치

산마냉채

마는 뿌리채소로, 재배한 것보다는 자생한 것이 약성이 강하여 민간요법의 약품으로 쓰였다.
머리가 어지럽고 맑지 않을 때 마와 호두를 섞어 먹으면 좋다.
식이섬유가 많이 함유되어 있어 대장암을 예방하고 당뇨병에 좋으며 가래를 없애 준다.

 20min  75kcal  4인분

1_ 산마와 배는 껍질을 벗겨 소금물에 담가 둔다.

2_ 오이는 소금으로 문질러 가시를 제거한 후 씻는다. 세로로 2등분 해 어슷썰기 하고, 소금에 살짝 절여 물기를 짜 놓
는다.

3_ 절인 매실은 곱게 채 썬다.

4_ 채 썬 매실을 넓은 그릇에 넣고 양념 재료들을 합하여 잘 섞는다.

5_ 먹기 직전에 절인 산마를 깍둑썰기 하고, 배는 씨 부분을 도려내고 모양대로 얇게 썬다.

6_ 양념 그릇에 모든 재료를 넣고 살살 버무려 소금으로 간을 맞춘다.

7_ 검은깨를 뿌려 그릇에 담는다.

여름철 더위와 갈증에 좋은 다이어트 식품

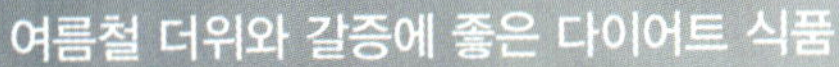

우무묵냉채

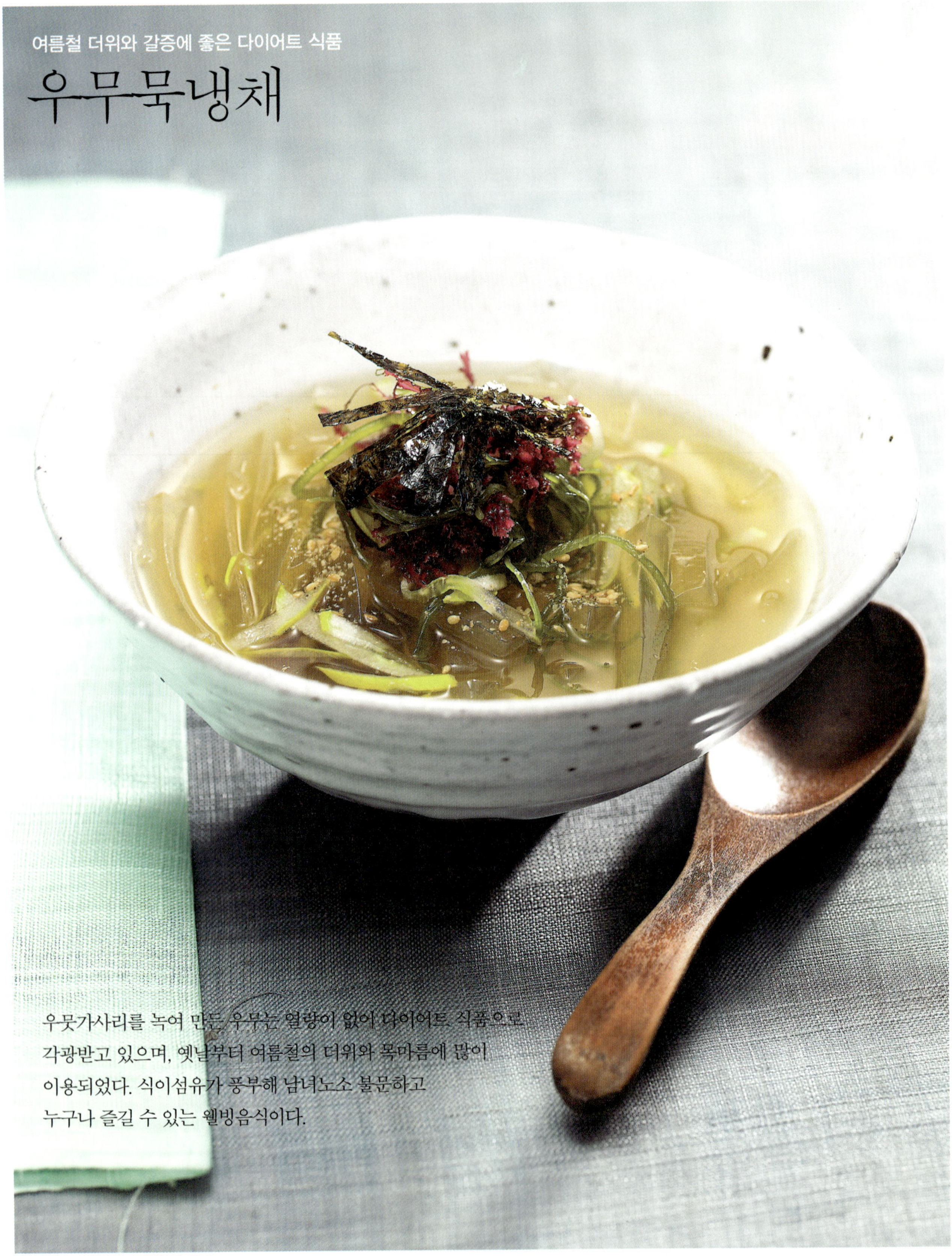

우뭇가사리를 녹여 만든 우무는 열량이 없어 다이어트 식품으로 각광받고 있으며, 옛날부터 여름철의 더위와 목마름에 많이 이용되었다. 식이섬유가 풍부해 남녀노소 불문하고 누구나 즐길 수 있는 웰빙음식이다.

우무 300g, 오이 1/2개, 각종 해초 50g, 다진 마늘·국간
장 1작은술씩, 깨소금 2작은술, 참기름 1/2큰술, 소금·잘
게 자른 김 약간씩

멸치 다시마 육수 멸치 50g, 다시마 10cm 1장, 물 4컵

1. 우무는 너무 단단하지 않고 손으로 눌러 보아 탄
   력이 있으며, 색이 희거나 노란색보다는 약간 푸
   른색이 도는 것이 좋아요.
2. 육수 말고 콩국으로 해도 좋고, 육수 없이 양념장
   에 무쳐 먹어도 좋아요. 집에서 직접 우무를 만들
   때는 깨끗한 우뭇가사리를 구입하여 돌 없게 씻
   은 후 하루 정도 물에 담갔다가 약한 불에서 우무
   가 다 풀어질 때까지 서서히 끓여요. 끓인 우무를
   얼음물에 담가 보아 원하는 농도가 되면 불을 끄
   고 체에 걸러 굳히면 돼요.

20min　**41kcal**　**4인분**

1＿ 묵으로 된 우무를 구입하여 깨끗이 씻은 후 나무젓가락 굵기로 채 썬다.

2＿ 냄비에 분량의 재료들을 넣고 멸치 다시마 육수를 낸 후 면포로 걸러 맑은 육수를 차게 식힌다.

3＿ 각종 해초는 짜게 절여진 것이므로, 깨끗이 씻은 후 물에 담가 짠맛을 없앤다.

4＿ 오이는 가시를 다듬은 후 소금으로 문질러 이물질을 제거하고 깨끗이 씻어 가늘게 채 썬다. 오이와 해초에 국간장,
　　다진 마늘, 참기름, 깨소금을 넣고 무친다.

5＿ 여기에 채 썬 우무를 넣고 다시 한 번 버무린 후 멸치 다시마 육수를 붓는다.

6＿ 소금으로 간을 맞춰 그릇에 담고 김을 올려 낸다.

닭고기수삼냉채

인삼의 생뿌리를 수삼이라고 하는데, 맛이 달면서도 쓰고, 약간 한하며 독이 없다.
만병통치약으로 알려진 인삼은 특히 원기를 도우며, 음식을 소화시키고
위를 열어 주기도 한다.

닭 300g, 수삼(6년근) 2뿌리, 오이 1/2개, 토마토 1개, 매실 절임 30g, 비타민 싹 10g

닭고기 삶는 향신채 정종(또는 와인) 1큰술, 양파 1/2개, 대파 1/2뿌리, 마늘 3쪽

소스 식초 2큰술, 매실즙·올리브유·레몬즙 1큰술씩, 다진 마늘 2작은술, 연겨자 1작은술, 진간장 1/2작은술, 소금·후춧가루 약간씩

25min　227kcal　4인분

1_ 냄비에 닭과 분량의 향신채 재료를 넣고 고기가 잠길 정도의 물을 부어 삶은 후 식혀서 결대로 굵게 찢는다.

2_ 수삼은 흙을 깨끗이 씻어 내고 몸만 0.2cm 두께로 얇게 어슷 썰어 얼음물에 담가 놓는다. 잔뿌리는 말려 차로 사용한다.

3_ 오이는 5cm 길이로 잘라 0.2cm 두께로 돌려깎기 하여 채 썰고, 토마토는 끓는 물에 넣었다가 꺼내 껍질을 벗기고 4등분 하여 채 썬다.

4_ 비타민 싹은 깨끗이 씻어 먹기 좋은 크기로 손으로 뜯어 얼음물에 담가 놓고, 매실 절임은 모양대로 얇게 채 썬다.

5_ 분량의 소스 재료를 모두 합하여 잘 섞는다.

6_ 얼음물에 담근 야채들을 건져 물기를 빼고, 준비한 모든 재료를 잘 섞어서 만들어 놓은 소스로 살짝 무쳐 그릇에 차게 담아 낸다.

제육냉숙채

돼지고기의 조리법은 대부분 구이, 수육, 조림으로 한정되어 있지만
누린내를 제거하고 차게 식혀 소스를 곁들이면 색다른 맛을 느낄 수 있다.
돼지고기는 단백질이 많으며 섬유가 가늘고 연하여 소화율이 높다.

재료

돼지고기(안심) 200g, 풋고추 150g, 숙주 100g, 실고추
1큰술, 채 썬 생강 · 소금 1작은술씩

돼지고기 양념 진간장 1큰술, 다진 파 · 정종 1작은술씩,
다진 마늘 1/2작은술

단촛물 물 1/3컵, 식초 1큰술, 설탕 2작은술, 진간장 1작
은술, 소금 1/2작은술

 25min  148kcal  4인분

1_ 돼지고기는 가능한 한 살코기를 사서 결대로 채 썬다. 고기 양념을 하여 볶다가 채 썬 생강과 정종을 넣고 다시 한 번
살짝 볶는다.

2_ 풋고추는 반으로 갈라 씨를 빼고, 긴 것은 반으로 자르고 짧은 것은 그냥 길게 채 썬다. 이후 냄비나 팬에 넣고 소금
을 친 후 색이 변하지 않게 살짝 볶는다.

3_ 숙주는 꼬리와 머리를 떼고 깨끗이 씻어 볶다가 소금을 넣고 하얗게 될 때까지 볶아, 국물과 함께 그릇에 담아 놓는다.

4_ 준비가 다 되면 그릇에 세 가지 재료를 옆옆이 담거나 모두 가볍게 섞고, 얼음을 가장자리에 놓은 후 실고추를 뿌린다.

5_ 분량의 재료들로 단촛물을 새콤달콤하게 만든다.

6_ 먹기 직전에 단촛물을 부어 내거나 곁들여 먹을 때 부어도 된다.

신선하게 즐기는 영양 듬뿍 밑반찬
나물, 무침, 장아찌, 김치

입맛 없는 여름철에 먹으면 좋은 새콤한 요리

오징어해파리냉채

해파리는 입맛이 없는 여름철에 새콤하고 시원하게 먹을 수 있는 음식으로, 바다에 떠 있는 달과 같다고 해서 해월 또는 수모라고도 한다. 저칼로리 식품으로 비만인 사람과 고혈압인 사람에게 좋으며, 질감이 젤리 같다.

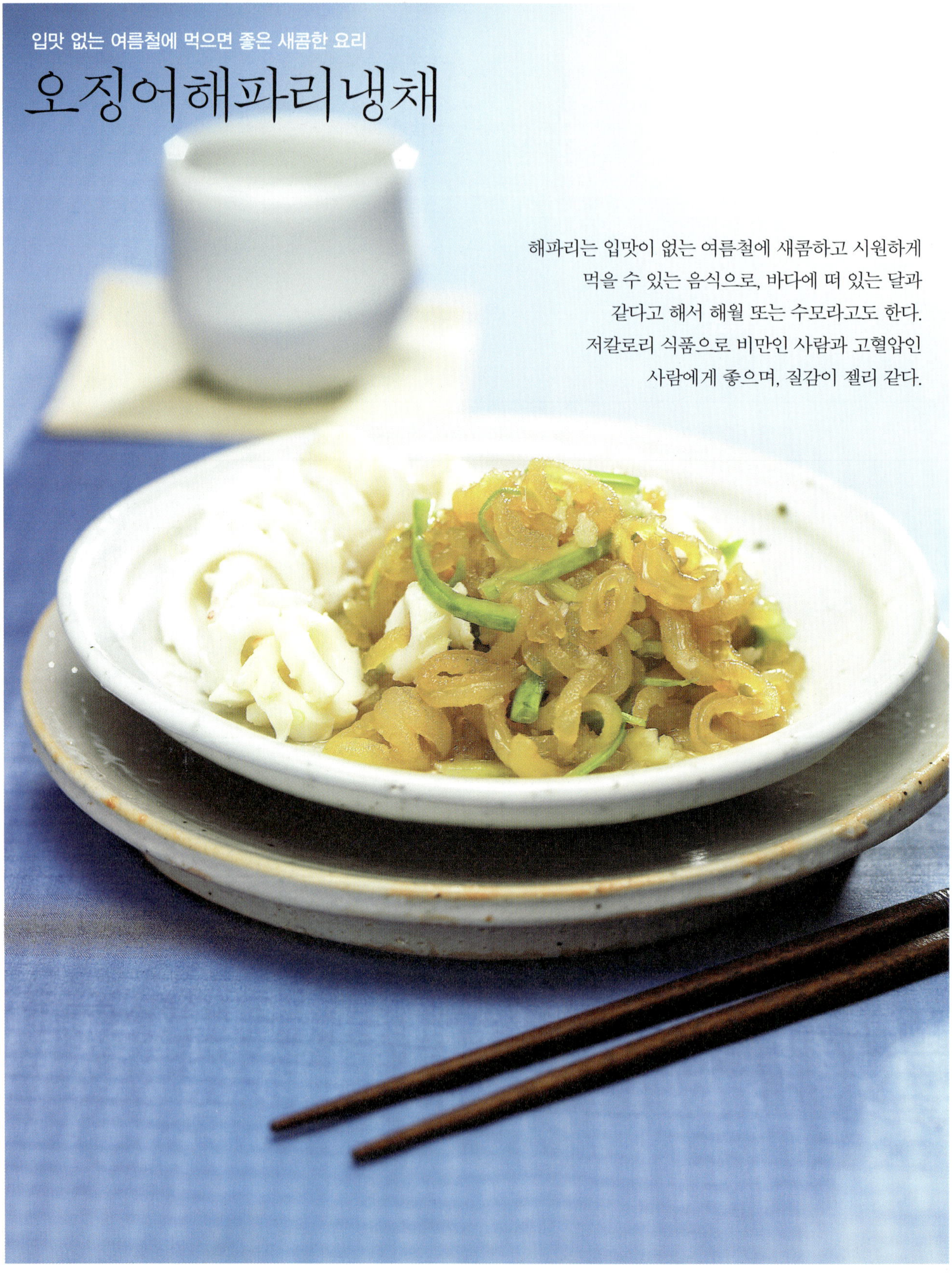

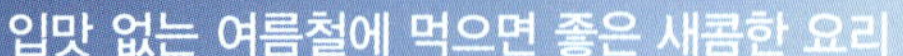

재료

해파리 200g, 오이 100g, 오징어 1마리, 래디쉬(또는 무)
2개, 레몬 1개, 식초·소금 약간씩
마늘 소스 설탕·식초 2큰술씩, 레몬즙·다진 마늘·소금
1큰술씩, 진간장 약간
무침 양념 설탕·식초 2큰술씩, 참기름 1작은술, 소금 약간

Essential Tip

1. 해파리를 고를 때는 색깔이 맑으면서 노르스름하
   고 두꺼운 것이 좋아요. 요즘은 손질되어 썰어져
   나오는 제품이 많아 편리하기는 해도 원하는 모
   양과 맛을 내기가 어려워요.
2. 해파리 손질은 레시피대로 하는 것이 잡맛이 없
   고 맛있으며, 처음 할 때에는 시간이 걸리지만 한
   꺼번에 넉넉히 만들어 냉장고에 두면 오래 먹을
   수 있어요. 또한 양념으로 무쳐 두면 밑반찬으로
   도 먹을 수 있어요.

30min 25kcal 4인분

1_ 해파리는 장으로 된 것을 구입하여 돌돌 말아 0.5cm 두께로 썬 후, 물에 2~3번 정도 씻어서 모래가 없게 한 다음 물
기를 꼭 짠다. 식초와 소금을 섞어 잠시 절여 두었다가 여러 번 물에 헹군 후 찬물에 담가 둔다.

2_ 다음 날 다시 많이 주물러서 여러 번 씻는다. 체에 건져 물기를 뺀 후 6~7cm 길이로 자른다.

3_ 끓는 물을 한 김 뺀 후 해파리를 체에 넣고 담갔다 바로 건져 키친타월로 물기를 잘 닦고, 마늘 소스에 무쳐 찬 곳에
보관한다.

4_ 오이는 소금으로 문질러 가시를 제거한 후 씻어서 7cm 길이로 잘라 0.2cm 두께로 돌려깎기 하여 채 썬다. 래디쉬
도 얇게 저며 채 썰고 각각 얼음물에 담근다.

5_ 오징어는 배를 갈라 내장을 떼고, 굵은 소금으로 껍질을 벗겨 깨끗이 씻는다. 손질한 오징어는 솔방울 무늬를 만들어
끓는 물에 소금 조금과 레몬 2쪽을 넣고 살짝 데친 후 0.5cm 두께로 썬다.

6_ 래디쉬를 뺀 모든 재료를 각각 양념으로 무쳐 간을 맞춘 후 그릇에 모양 있게 담고 채 썬 래디쉬를 위에 올려 낸다.

부추김치

부추는 달래과에 속하며 지방에 따라 '정구지' '솔' '졸이' '부초' '부채' 등으로 불린다.
마늘과 비슷하게 강장 효과가 있으며, 체했을 때 된장국에 넣어 끓여 먹으면 효과가 있다고 한다.
내장을 튼튼하게 하는 효력이 있어 몸이 찬 사람에게 좋으며, 영양가도 높다.

부추 200g, 멸치액젓 4큰술, 설탕·실깨 1큰술씩, 고춧가루 3큰술, 다진 마늘 2작은술, 다진 생강 1/2작은술, 간 양파 1/3컵

30min 22kcal 10인분

1_ 부추는 밑동의 지저분한 부분을 뜯어내고 잎 끝을 다듬어서 깨끗이 씻은 후 바구니에 건져 물기를 뺀다. 길면 2등분 한다.

2_ 큰 그릇에 멸치액젓과 고춧가루를 넣어 고루 섞은 후 고춧가루가 불도록 잠시 둔다.

3_ 불린 고춧가루에 설탕, 간 양파, 다진 마늘, 다진 생강을 넣어 잘 섞는다.

4_ 양념장에 물기 뺀 부추를 넣고 양념이 고루 묻도록 살살 무치다가 숨이 죽어 부드러워질 때까지 잠시 둔다.

5_ 부드러워진 부추에 실깨를 넣고 다시 한 번 섞은 후 통에 담아 먹는다.

봄동겉절이

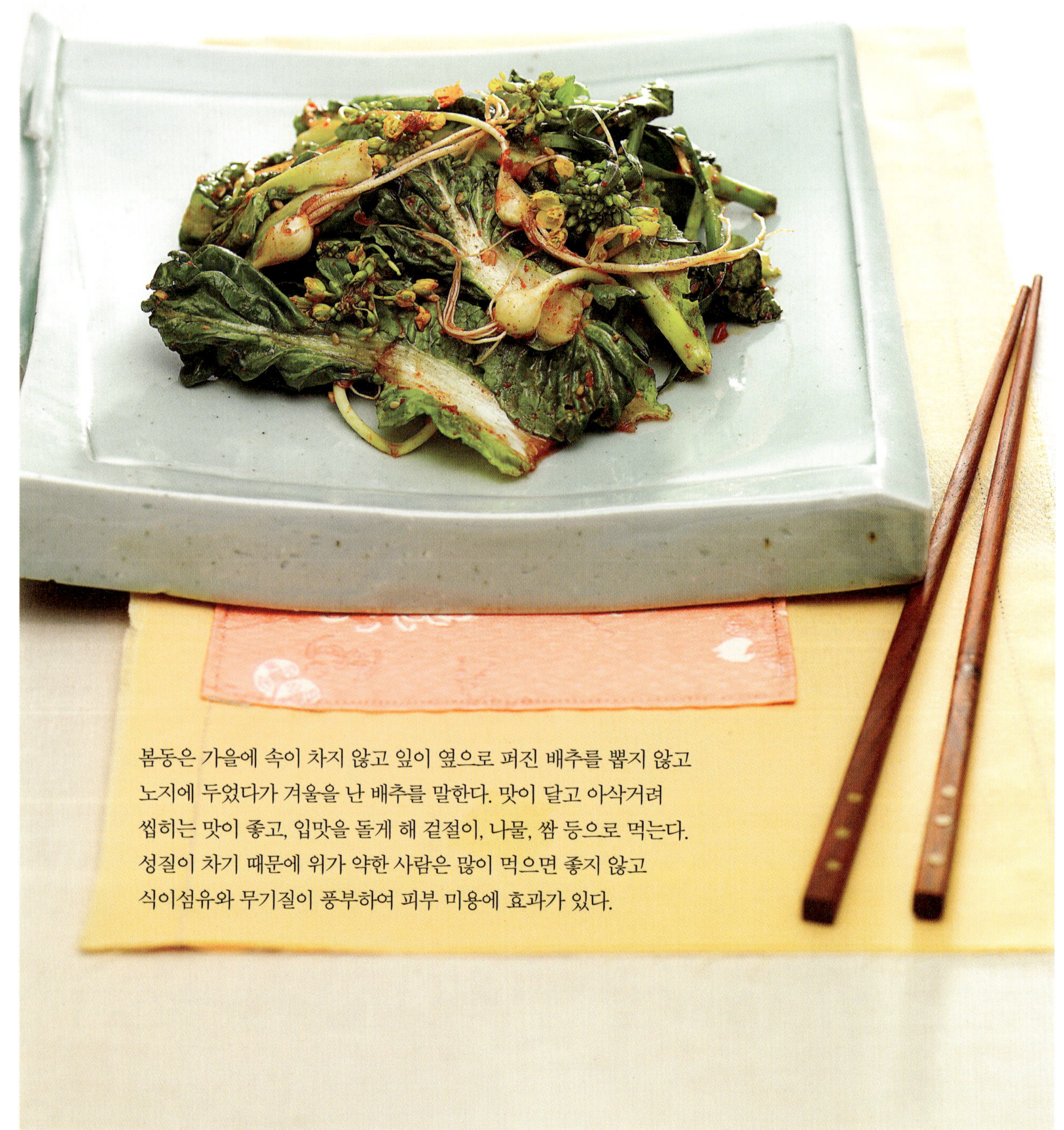

봄동은 가을에 속이 차지 않고 잎이 옆으로 퍼진 배추를 뽑지 않고
노지에 두었다가 겨울을 난 배추를 말한다. 맛이 달고 아삭거려
씹히는 맛이 좋고, 입맛을 돌게 해 겉절이, 나물, 쌈 등으로 먹는다.
성질이 차기 때문에 위가 약한 사람은 많이 먹으면 좋지 않고
식이섬유와 무기질이 풍부하여 피부 미용에 효과가 있다.

봄동 400g, 달래 50g, 부추 50g, 무 30g

양념 국간장 3큰술, 고춧가루 2큰술, 식초 · 다진 파 · 깨소금 1큰술씩, 설탕 2작은술, 다진 마늘 1/2큰술

Essential Tip

1. 봄동의 줄기가 퍼석퍼석한 것은 수분이 적어 맛이 덜하므로 좋지 않아요. 속은 노란색, 겉은 푸른색을 띠고, 줄기와 잎이 두껍고 작은 것이 좋아요.
2. 겉절이는 손으로 무칠 때 신선도를 유지해야 하므로 너무 오랫동안 주무르면 안 돼요. 간을 국간장으로 하지 않고 젓국으로 할 수도 있는데, 된장을 약간 섞는 것이 젓국 냄새가 덜 나며 식성에 따라 식초를 빼고 참기름을 넣기도 해요.

20min   11kcal   10인분

1_ 봄동은 잎이 하나하나 떨어지도록 밑동을 자르고 잎 끝의 누런색을 다듬어 깨끗이 씻는다. 봄동 꽃(장다리)도 봄동에서 떼어 내어 씻는다.

2_ 씻은 봄동을 소쿠리에 담아 물기를 뺀다. 봄동 꽃도 같이 담아 둔다.

3_ 달래는 뿌리 부분의 흙을 깨끗이 털고 잡티를 골라낸 다음 물에 깨끗이 씻어 건져 봄동 옆에 놓는다.

4_ 부추는 뿌리 쪽을 깨끗이 정리하고 잎 끝의 누런 부분을 잘라 내어 물에 깨끗이 씻은 후 물기를 빼고 5cm 길이로 썬다.

5_ 무는 껍질을 벗기고 납작 채로 썬다.

6_ 큰 그릇에 분량의 재료를 모두 섞어 양념을 만든다.

7_ 봄동과 달래, 부추, 무채를 양념 그릇에 넣고 두 손으로 위아래로 섞으면서 양념이 고루 묻도록 무친다.

8_ 간을 보아 싱거우면 국간장으로 간을 맞추고, 깨소금을 넣어 다시 한 번 무친 후 그릇에 담아 낸다.

아삭아삭 상큼해 고기쌈에 곁들이면 좋은
고추김치

고추는 따뜻한 곳을 좋아해 16~30℃의 기후에서 잘 자라며
매운 맛을 내는 캡사이신 외에 비타민 A, C가 다량 들어 있다.
한방에서는 고추의 성질이 뜨겁고 맵기 때문에 평소 몸이 차거나 소화 장애가 있는
사람에게 좋으며, 침샘과 위샘을 자극해 위산 분비를 촉진시킨다고 한다.

고추 30개, 당근 200g, 양파 50g, 부추 30g, 깻잎 35장, 소금 약간
고추 절임물 물 2컵, 굵은 소금 2큰술
양념 액젓 · 고춧가루 5큰술씩, 설탕 · 채 썬 마늘 1큰술씩, 채 썬 생강 · 통깨 1/2큰술씩

Essential Tip

1. 고추는 너무 맵지 않으면서 굵고 살이 있으며 부드러운 것이 좋아요.
2. 삭힌 고추를 이용하기도 하는데 이때는 가을에 늦게 딴 고추로 하는 것이 맛이 좋으며, 젓갈을 쓰지 않고 진간장으로 양념하여 담기도 한답니다.

30min **25kcal** **10인분**

1_ 고추는 여러 번 흐르는 물에 씻어 건진 후 꼭지를 1cm 길이만 남기고 자른다.

2_ 작은 칼로 꼭지 쪽에서부터 끝까지 한쪽 면만 칼집을 넣고 작은칼 끝으로 속씨를 긁어내고 씨를 털어 낸다.

3_ 씨를 뺀 풋고추는 분량의 소금물에 담가 위를 무거운 것으로 눌러 20분 이상 둔 후, 잘 절여지면 건져 물기를 뺀다.

4_ 양파는 껍질을 벗겨 뿌리 쪽과 위쪽을 다듬고 2등분 하여 고운 채로 썰고, 부추는 깨끗이 씻은 후 3cm 길이로 자른다. 깻잎은 흐르는 물에 여러 번 씻어 건진다.

5_ 당근은 씻어 껍질을 벗기고 어슷썰기로 저며 채 썬다.

6_ 분량의 양념을 모두 섞어 당근채를 먼저 넣고 버무린 후 양파채, 부추를 넣고 다시 버무린다. 간을 보아 싱거우면 소금으로 간을 맞춘다.

7_ 깻잎 한 장에 버무린 속을 적당량 넣고 둘둘 만다.

8_ 고추 속에 깻잎을 넣고 통에 차곡차곡 담는다. 남은 양념에 물을 조금 부은 다음 소금으로 약간 간을 맞춰 통에 넣고, 남은 깻잎으로 위를 덮은 후 무거운 것으로 눌러 2~3일 후 먹는다.

가지김치

가지김치는 연한 가지로 한두 번 만들어 먹으면 좋은 별미로 씹는 맛이 좋다.
가지만 넣어 담그는 경우도 있고, 다른 재료를 섞어 담그는 경우도 있다.
가지는 흔할 때 말려 두었다가 겨울철 저장 식품으로 먹어도 좋으며,
보름에 먹는 아홉 가지 나물 중 하나이다.

가지 5개, 열무 400g, 멸치젓국 4큰술

양념 고춧가루 5큰술, 다진 파·새우젓·찬밥 2큰술씩, 다진 마늘 1큰술, 다진 생강·설탕 1작은술씩, 소금 1/2큰술

가지 절임물 물 2컵, 소금 2큰술

열무 절임물 물 1컵, 소금 1/3컵

고명 채 썬 대파 1/3컵, 실고추·통깨 약간씩

1_ 가지는 반으로 자른 다음 끓는 소금물에 굴려 가며 반 정도 익었을 때 건져 찬물에 씻는다.

2_ 씻은 가지의 꼭지 쪽을 1cm 정도 남기고 4등분 하여, 보자기에 싸서 무거운 것으로 눌러 놓는다.

3_ 열무는 다듬어서 깨끗이 씻은 후, 자르지 않고 소금물에 절여 줄기가 휘어지면 건져서 물기를 뺀다.

4_ 양념 재료들을 믹서에 넣고 곱게 간다.

5_ 곱게 간 양념을 그릇에 붓고 멸치젓국을 넣어 섞은 다음 고명을 넣고 다시 섞는다.

6_ 완성된 양념을 가지에 바르고 남은 양념으로 열무를 무친다.

7_ 가지 하나에 열무 2포기 정도를 가지런히 쥐고 묶듯이 하여 통에 차곡차곡 담는다.

8_ 그릇에 남은 양념은 물을 조금 부은 다음 소금으로 간을 맞추어 통에 넣고, 뚜껑을 덮어 하루 정도 익힌 후 알맞은 크기로 잘라 먹는다. 긴 것을 좋아하면 그냥 들고 먹어도 좋다.

양배추김치

양배추는 각종 요리에 다양하게 쓰이는데,
칼로리가 낮고 비타민 C와 무기염류가 풍부하여
다이어트 식품으로 각광을 받고 있다.
특히 위궤양, 십이지궤양에 좋으며,
생즙은 몸을 정화시키는 효능이 있어 암세포 증진을 억제하고
황달이나 간에 도움을 주는 것으로 알려져 있다.

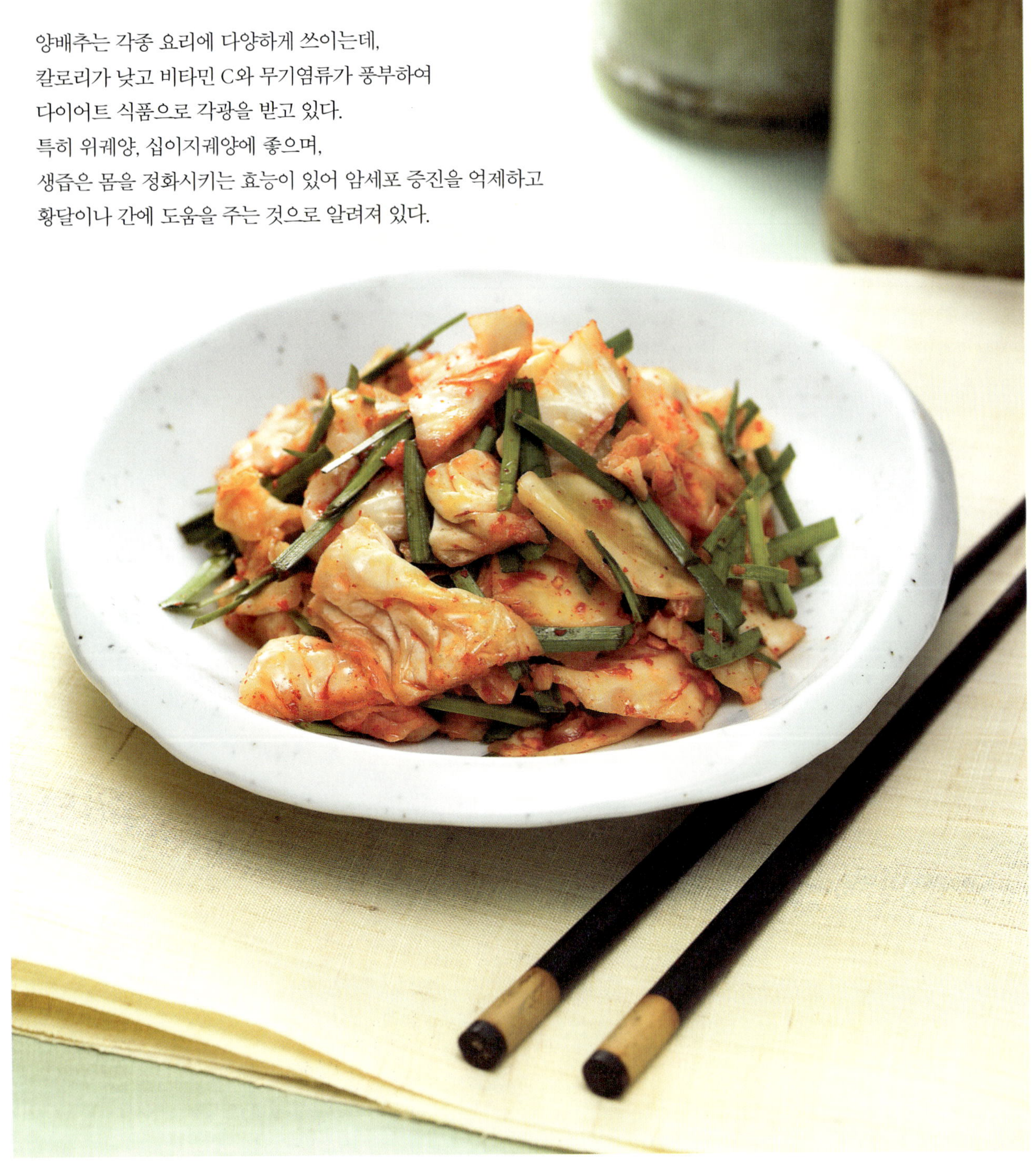

재료

양배추 1kg, 부추 100g, 소금 약간

절임물 물 1컵, 소금 3큰술

양념 멸치액젓 5큰술, 설탕·다진 마늘 2큰술씩, 새우젓 1큰술, 고춧가루 1/2컵, 다진 생강 1작은술

30min   46kcal   10인분

1_ 양배추는 깨끗이 씻은 후 한 장씩 떼어 낸다.

2_ 떼어 낸 양배추를 겹쳐서 3×4cm 크기로 썬다.

3_ 썬 양배추를 절임물에 절인 후 체에 밭쳐 물기를 뺀다.

4_ 부추는 깨끗이 씻은 후 3cm 길이로 썬다.

5_ 새우젓은 다져서 다른 양념과 섞은 후 절인 양배추에 넣고 버무린다.

6_ 부추를 넣고 다시 고루 버무린 후 간을 보아 싱거우면 소금으로 간을 맞춘다.

신선하게 즐기는 영양 듬뿍 밑반찬
나물, 무침, 장아찌, 김치

양배추의 아삭아삭함과 깻잎의 향긋함이 어우러진

양배추깻잎김치

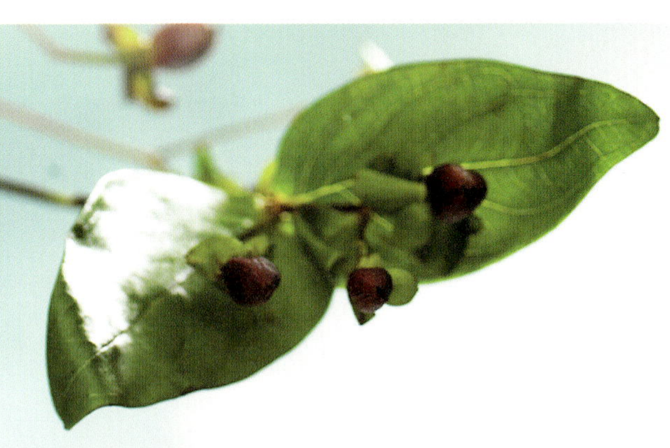

양배추깻잎김치는 새콤달콤한 맛이 인상적인 김치로, 여름에 입맛을 돋운다. 비타민 A, C와 혈액 응고에 작용하는 비타민 K가 들어 있으며, 양배추 잎 서너 장과 사과를 함께 넣고 갈아 주스로 마셔도 좋다.

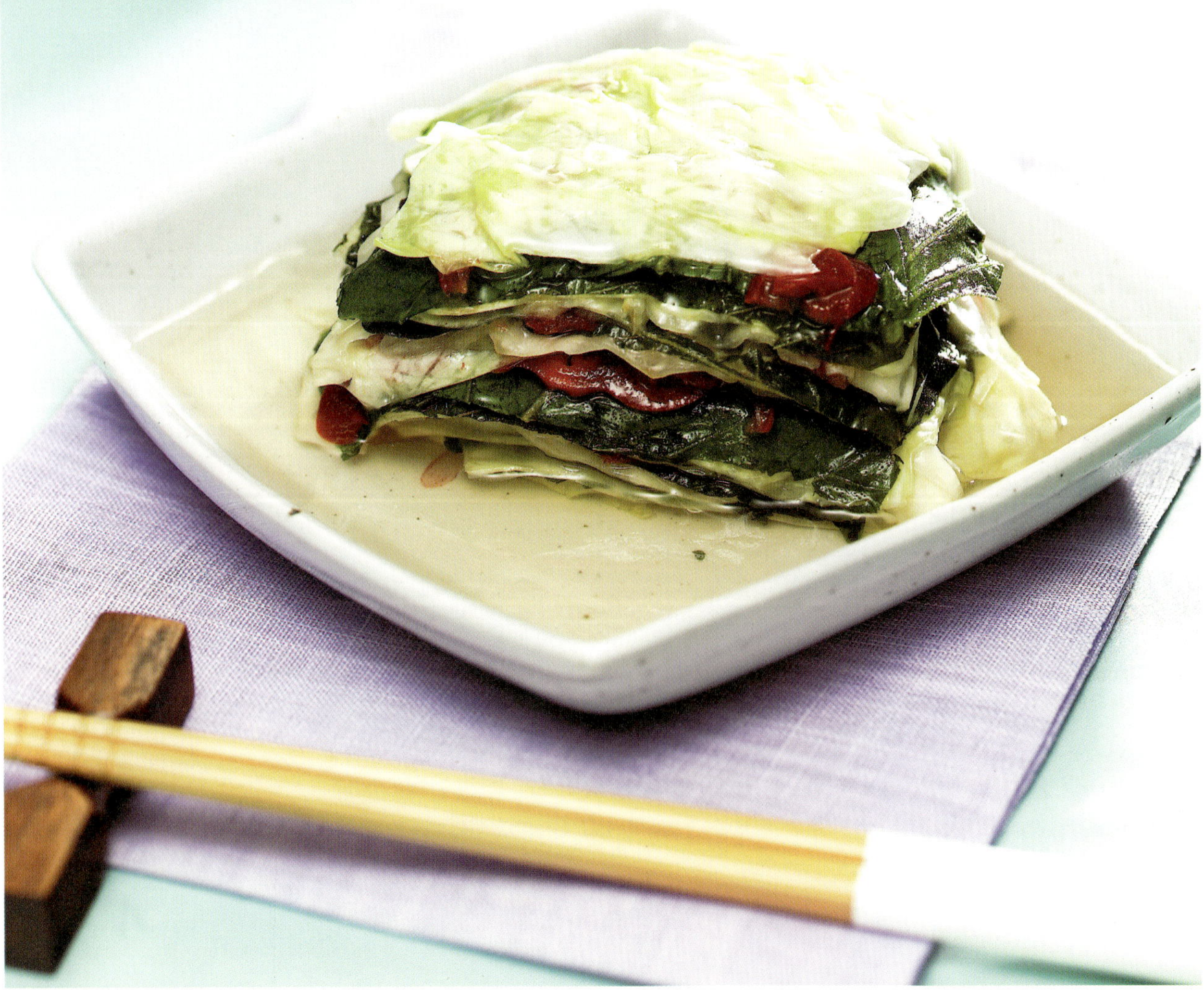

재료

양배추 1/4포기, 깻잎 20장, 홍고추 1개
소금물 물 3컵, 소금 3큰술
양념 식초·물 1/2컵씩, 설탕 1/3컵, 소금 2/3컵

30min   46kcal   10인분

1_ 양배추는 밑동을 잘라 내고 한 장씩 떼어 깨끗이 씻은 후 굵은 심을 제거하고 탄력이 생길 때까지 소금물에 절인다.

2_ 깻잎을 한 장 한 장 여러 번 씻은 후 양배추와 함께 절이고, 홍고추는 4등분 하여 씨를 제거한 후 씻어서 곱게 채 썬다.

3_ 식초, 설탕, 물, 소금을 섞어 한 번 끓여 둔다.

4_ 절인 양배추와 깻잎은 건져서 물기를 제거하고, 양배추 1장 위에 깻잎 2장을 펼쳐 얹는다. 그 위에 채 썬 홍고추를
조금 올리고, 같은 순서로 반복하여 포갠다.

5_ 포갠 양배추와 깻잎을 통에 담아 무거운 것으로 눌러 놓고 식힌 국물을 부어 하루 동안 둔다.

6_ 양배추깻잎김치를 원하는 크기로 잘라 접시에 담고 국물을 조금 얹어 낸다.

신선하게 즐기는 영양 듬뿍 밑반찬
나물, 무침, 장아찌, 김치

돌갓김치

갓은 잎과 줄기를 먹으며, 단맛과 매운맛이 나고 향기가 있다.
귀와 눈을 밝게 하고 속을 편안하게 하며 기침을 그치게 하고 냉기를 없애는 효능이 있지만
너무 많이 먹거나 잎이 잘고 털이 있는 것은 사람에게 해롭다고 한다.

재료

갓 1단, 굵은 천일염 1컵, 당근 200g, 생새우 1/2컵, 쪽파 100g, 소금 약간

양념 멸치액젓·고춧가루 1컵씩, 설탕 1/2컵, 다진 마늘 1큰술, 다진 생강 1/2큰술, 실고추 약간

찹쌀 풀 찹쌀가루·물 1/2컵씩

1_ 돌갓의 포기가 큰 것은 뿌리 쪽 기둥에 칼집을 넣고 다듬어 깨끗이 씻는다. 3시간 이상 천일염에 절여 건진 다음 물기를 뺀다.

2_ 쪽파는 뿌리를 다듬고 깨끗이 씻어 갓이 약간 절여진 곳에 같이 넣고 절인 후 건져서 물기를 뺀다. 당근은 씻은 후 채 썬다.

3_ 생새우는 소금물에 흔들어 씻은 후 물기를 빼서 다진다.

4_ 찹쌀가루 1/2컵에 물을 붓고 끓여 찹쌀 풀을 쑨다.

5_ 멸치액젓에 고춧가루를 넣고 갠 다음 다진 마늘과 생강, 설탕, 찹쌀 풀, 다진 생새우, 실고추를 넣고 고루 섞어 양념을 만든다.

6_ 물기를 뺀 돌갓에 양념을 넣고 고루 버무린 후 싱거우면 소금이나 액젓으로 간을 맞춘다.

7_ 돌갓 2포기와 쪽파 조금을 같이 쥐고 타래처럼 만든 후 통에 차곡차곡 담는다.

Part 5

외식 부럽지 않은 특별한 한 끼

국수와 한 그릇 요리

미나리비빔국수

미나리의 독특한 향은 봄에 입맛을 잃었을 때 식욕을 돌게 한다.
수분과 식이섬유가 많아 장의 활동을 돕고 변비 예방에 좋다.
음주 후 열이 날 때 효능이 있으며 생즙은 황달, 설사 등에 좋다고 한다.

재료

마른 국수 300g, 미나리 150g, 소고기 50g, 불린 표고버섯 3장, 구운 김 약간

소고기·표고버섯 양념 진간장 1큰술, 설탕 1/2큰술, 다진 마늘 1/2작은술, 다진 파·참기름·깨소금 1작은술씩, 후춧가루 약간

미나리 양념 국간장 1작은술, 참기름 2작은술

국수 양념 진간장 1.5큰술, 참기름 1큰술, 고추장 1작은술, 설탕 1/2큰술, 후춧가루 약간

 40min
 465kcal
 4인분

1_ 미나리는 잎을 다듬고 깨끗이 씻어 끓는 물에 살짝 데친 후 찬물에 식혀서 건진다.

2_ 데친 미나리를 5cm 길이로 자른다.

3_ 자른 미나리는 물기를 살짝 짜서 분량의 미나리 양념에 무친다.

4_ 소고기는 결대로 가늘게 채 썰고, 표고버섯도 모양대로 채 썰어서 각각 양념에 무친 후 볶는다.

5_ 마른 국수를 끓는 물에 넣고, 끓으면 찬물을 부어 다시 끓이기를 2번 정도 반복하여 말갛게 되면 건진 후 씻어서 물기를 뺀다.

6_ 큰 그릇에 국수 양념을 넣고 잘 섞은 후 삶은 국수를 넣고 고루 비빈다.

7_ 국수에 미나리 1/2과 양념한 소고기, 표고버섯을 넣고 다시 비빈다.

8_ 국수를 그릇에 담고 남은 미나리와 구운 김을 잘게 썰어 위에 올려 낸다.

메밀비빔국수

메밀비빔국수는 쟁반국수라고도 하며,
겨자나 고추냉이로 양념을 하여
새콤달콤하면서 약간 매운맛을 낸다.
고기를 먹은 다음 먹으면 입안을 개운하게 한다.
쟁반국수는 평양요리인 어복쟁반이 변형된 것으로,
차게 먹으며 놋쟁반 대신 큰 접시를 사용한다.

재료

메밀국수 300g, 당근 50g, 배 100g, 깻잎 5장, 홍고추·달걀 1개씩, 김 1장, 참기름 1작은술, 소금 약간

겨자 양념장 발효된 겨자·다진 마늘·참기름 1큰술씩, 멸치 육수 1컵, 식초 4큰술, 설탕 3큰술, 진간장 2큰술, 소금 1작은술

Essential Tip

1. 메밀국수에 밀가루 함량이 많으면 약간 질기고 메밀의 함량이 많으면 조금 부드러워요.
2. 사기나 도자기 그릇에 가루겨자와 미지근한 물을 1:1의 비율로 개어 따뜻한 곳에 30분 정도 엎어 두면 발효가 되어 매운 냄새가 나요. 많이 매운 것이 싫으면 양념을 하기 전 뜨거운 물을 잠시 부어 두었다가 물을 쏟아내면 매운맛이 덜해요.

60min　**340kcal**　**4인분**

1_ 당근은 깨끗이 씻은 후 껍질을 벗기고 5cm 길이로 잘라 0.2cm 두께로 채 썬다. 배는 껍질을 벗긴 후 당근과 같은 크기로 채 썬다.

2_ 깻잎은 흐르는 물에 여러 번 씻어 건져 물기를 빼고, 길게 반을 자른 후 0.5cm 너비로 썰어 찬물에 담갔다 건져 놓는다. 홍고추는 모양대로 얇게 송송 썰어 물에 한 번 씻어 건진다.

3_ 달걀은 황백으로 나누어 지단을 부쳐 5cm 길이로 채 썰고, 김은 살짝 구워 5cm 길이로 가늘게 자른다.

4_ 끓는 물에 소금을 약간 넣고 메밀국수를 넣어 끓어오르면 찬물을 부어 가라앉혀 끓이다가, 다시 끓어오르면 찬물 붓기를 여러 번 하면서 국수가 맑은 색이 되도록 삶는다.

5_ 삶은 국수를 찬물로 비벼 씻은 후 건져 물기를 빼고 참기름에 무친다.

6_ 그릇에 발효 겨자를 담고 참기름과 설탕을 먼저 넣어 잘 섞은 후 진간장과 식초를 넣어 섞는다. 멸치 육수와 다진 마늘을 넣은 다음 간을 봐 가면서 소금으로 간을 맞춘다.

7_ 큰 접시에 채소와 지단을 보기 좋게 돌려 담은 후 중앙에 삶은 국수를 소복이 담고 홍고추를 그 가장자리에 뿌린다. 겨자 양념장을 고루 뿌리고 김 썬 것을 올린다.

오징어비빔국수

비빔국수는 원래 '골동면'이라 불렸는데, 골동면은 궁중음식 중 하나로
소면 위에 재료를 올리고 간장 소스에 비벼 먹는 국수를 일컫는 말이다.
제철인 오징어를 매콤하게 볶아 비벼 먹으면 색다른 비빔국수를 맛볼 수 있다.

재료

오징어 2마리, 당근 30g, 양배추 잎 2장, 깻잎 5장, 국수 300g, 대파 1/2뿌리, 양파·청·홍고추 1개씩, 올리브유 1큰술, 다진 마늘 1작은술, 통깨 2작은술, 소금 약간

양념 고추장 2큰술, 진간장·다진 마늘 1큰술씩, 고춧가루 1/2큰술, 설탕·참기름 2작은술씩, 다진 생강 1작은술, 후춧가루·청주 약간씩

Essential Tip

1. 오징어는 윤기가 나는 검붉은색이 싱싱한 것이에요. 몸통이 둥그스름하고 두툼한 것으로 고르세요.
2. 고춧가루를 먼저 볶으면 붉은색이 더 진하게 나고 맛도 칼칼해져요. 불을 너무 세게 하면 고춧가루가 타 버리므로 주의하세요.

30min 454kcal 4인분

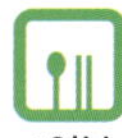

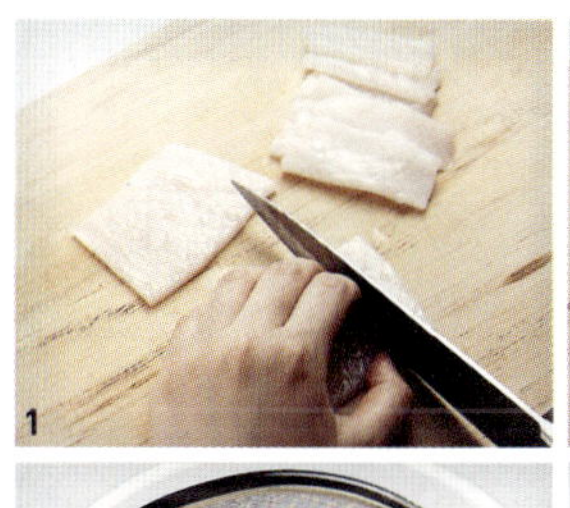

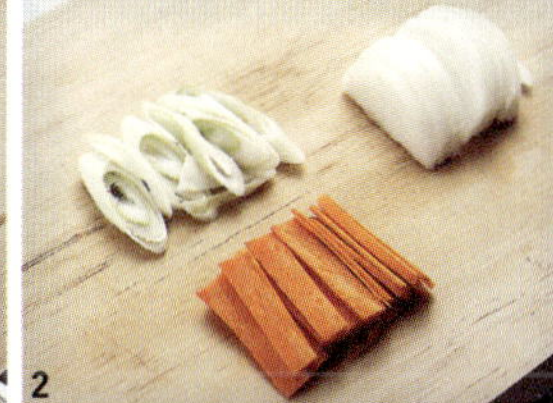

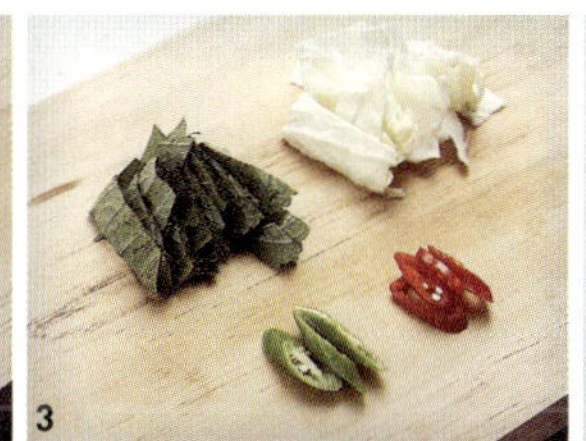

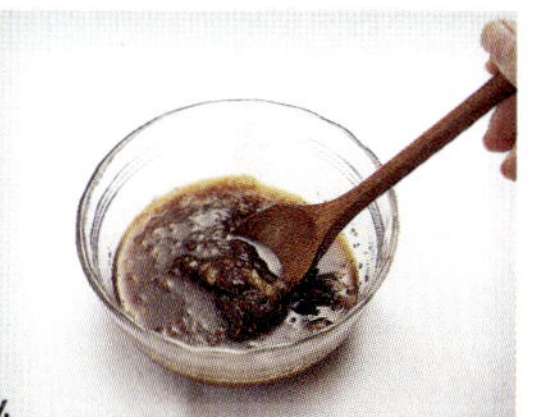

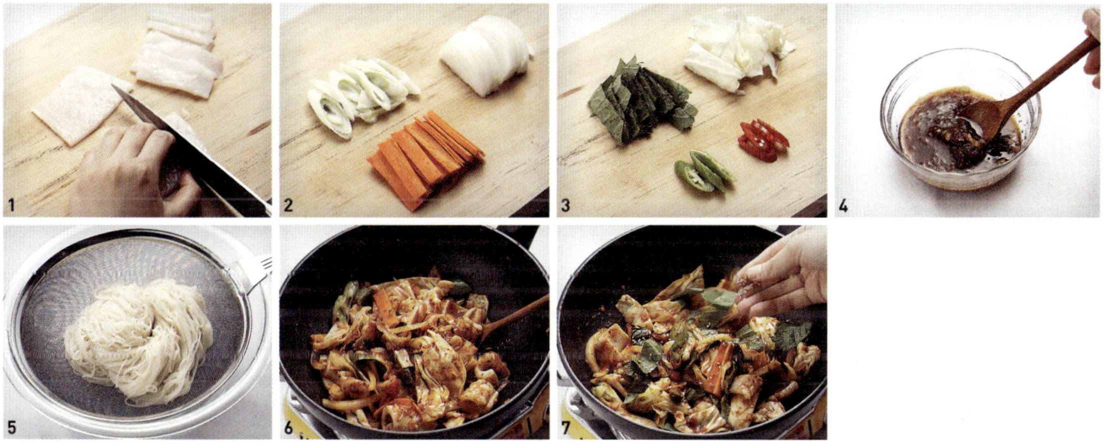

1_ 오징어는 내장과 껍질을 제거하고 깨끗이 씻은 후 물기를 빼 내장이 있던 쪽을 위로 두고 칼로 솔방울 무늬를 넣는다. 이것을 세로로 2등분 한 후 2cm 너비로 자르고, 다리는 껍질을 벗기지 않고 같은 길이로 자른다.

2_ 당근과 양파는 2cm 너비로 썰고, 대파는 어슷썰기 한다.

3_ 양배추 잎과 깻잎은 깨끗이 씻어서 같은 크기로 자르고, 청·홍고추는 0.7cm 두께로 어슷썰기 한다.

4_ 참기름과 고춧가루를 뺀 나머지 양념 재료들을 섞어 양념장을 만든다.

5_ 소금을 약간 넣은 끓는 물에 국수를 넣고, 젓가락으로 붙지 않게 저어 가며 끓이다가 끓어오르면 찬물을 한 번 붓고 끓인다. 다시 끓어오르고 국수가 맑은 색이 되면 건져서 재빨리 찬물에 문질러 씻은 후 그릇에 담는다.

6_ 달군 팬에 올리브유를 두르고 다진 마늘을 볶아 향을 낸 후, 고춧가루를 넣고 붉은색이 나면 양배추를 먼저 볶는다. 깻잎을 뺀 채소들과 오징어, 양념장을 넣고 오징어가 뽀얗게 익을 때까지 볶는다.

7_ 마지막으로 깻잎을 넣고 불을 끈 후 통깨와 참기름으로 맛을 더하여 국수 위에 담아 낸다.

열무국수

열무 잎은 열량이 적고 식이섬유가 풍부한
알칼리성 식품으로 비타민 A와 C가 풍부하다.
열무김치는 담근 후 5시간 정도 실온에 두었다가
냉장고에서 익혀 먹는데 보통 24시간이면 맛이 든다.
냉장고에 차게 둔 열무김치에 국수를 말아 올리면
새콤하고 시원한 국물맛이 일품이다.

열무 200g, 양파 1/2개, 오이 100g(1개), 마른 국수 300g, 보리쌀 1/3컵(물 2컵), 물 3컵, 참기름 1큰술, 깨소금 2큰술, 쪽파·청·홍고추 50g씩, 삶은 달걀 2개, 소금 적당량

열무 양념 다진 마늘 1큰술, 다진 생강 1/2큰술, 설탕 1작은술

소금물 물 1컵, 재래소금 2큰술

 30min　 182kcal　 4인분

1_ 열무는 다듬어 씻은 후 5cm 길이로 잘라 소금 한 움큼을 골고루 뿌린다.

2_ 오이는 소금으로 문질러서 골 사이의 이물질을 제거하고, 깨끗이 씻은 후 5cm 길이로 잘라 4등분 하여 소금물에 살짝 절인다.

3_ 청·홍고추는 어슷썰기 하고, 양파는 가늘게 채 썰고, 쪽파는 5cm 길이로 자르고, 다진 마늘과 다진 생강을 준비한다.

4_ 보리쌀에 물을 붓고 풀을 쑤듯 끓여서 소금으로 약하게 간을 하여 국물을 만들어 둔다.

5_ 소금에 절인 열무를 고루 뒤집어 잠깐 두었다가, 절인 오이와 채소들, 열무 양념을 넣고 버무린 후 통에 담는다. 여기에 보리쌀 국물을 부어서 소금으로 다시 간을 맞춘 후 익힌다.

6_ 소금을 약간 넣은 끓는 물에 국수를 넣고 서로 붙지 않게 저어 가며 끓이다가, 끓어오르면 찬물을 한 번 부어 더 끓인다. 다시 끓어오르면 국수를 건져 보아 맑고 투명하면 재빨리 찬물에 비벼 씻은 후 건진다.

7_ 그릇에 국수를 담고 익은 열무김치를 적당량 얹는다. 삶은 달걀 1/2쪽, 참기름, 깨소금을 얹은 후 국물을 부어 낸다.

기운이 없거나 입맛이 없을 때 먹으면 딱 좋은

잣국수

과거에는 곡기를 끊고 잣을 먹으면 신선이 된다고 할 정도로 잣이 귀한 식품이었다. 기운이 없거나 입맛을 잃었을 때 먹으면 입맛을 되찾게 되고, 풍기를 없애며, 수명을 연장하고, 코피를 흘릴 때에도 효험이 있다고 한다.

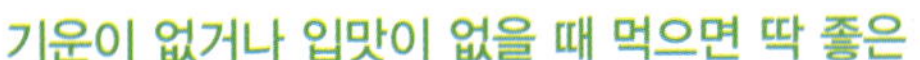

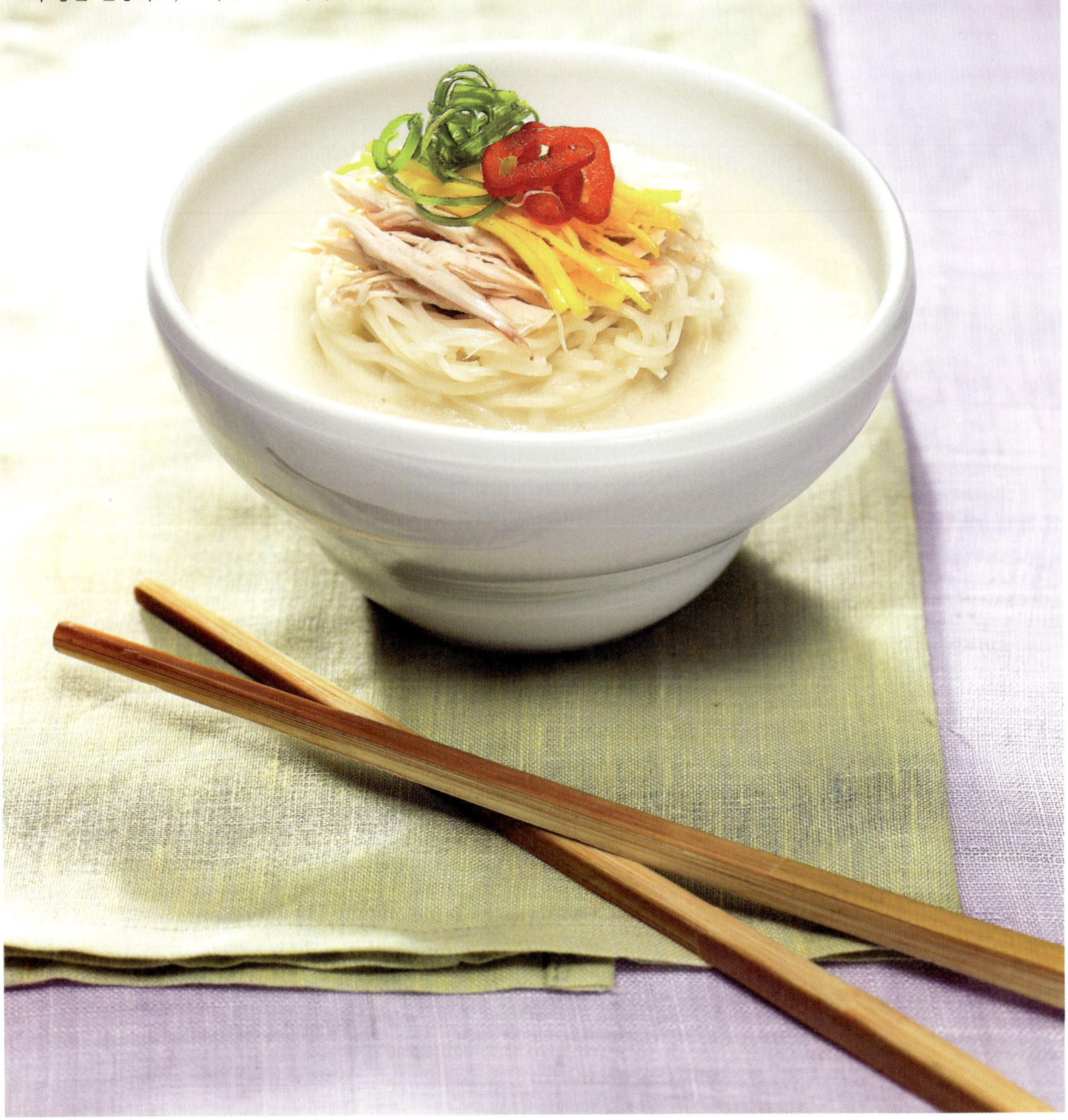

재료

잣 2컵, 국수 200g, 달걀 황백 지단·흰 후춧가루·대파
잎 약간씩, 소금 1큰술, 홍고추 1/3개
닭고기 육수 닭고기 500g, 대파 1뿌리, 통마늘 5개, 통후
추 5개, 물 10컵

30min

879kcal

4인분

1_ 잣은 고깔을 떼고 깨끗한 면포로 잘 닦는다.

2_ 닭고기 육수를 끓여 식힌 후, 닭고기는 건져서 찢고 국물은 체에 걸러 기름기를 제거한다. 믹서에 육수 5컵과 잣을
넣고 곱게 갈아 체로 거른 다음 소금으로 간을 맞춰 냉장 보관한다.

3_ 홍고추는 모양대로 잘게 썰고, 달걀 황백 지단은 5cm 길이로 가늘게 채 썬다.

4_ 소금을 약간 넣은 끓는 물에 국수를 넣고 붙지 않게 젓가락으로 저어 가며 끓이다가, 끓어오르면 찬물을 한 번 붓고
끓인다. 다시 끓어오르고 국수가 맑은 색이 되면 건져 재빨리 찬물에 문질러 씻는다.

5_ 그릇에 동그랗게 국수를 담고 닭고기, 잘게 썬 홍고추, 채 썬 황백 지단, 대파 잎을 얹는다.

6_ 냉장고에서 차게 식힌 잣 국물을 붓고 얼음을 띄워 낸다.

고소한 콩국물에 얼음이 동동

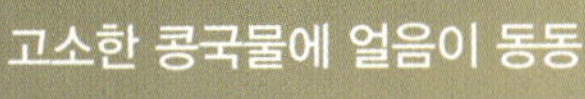

콩국수

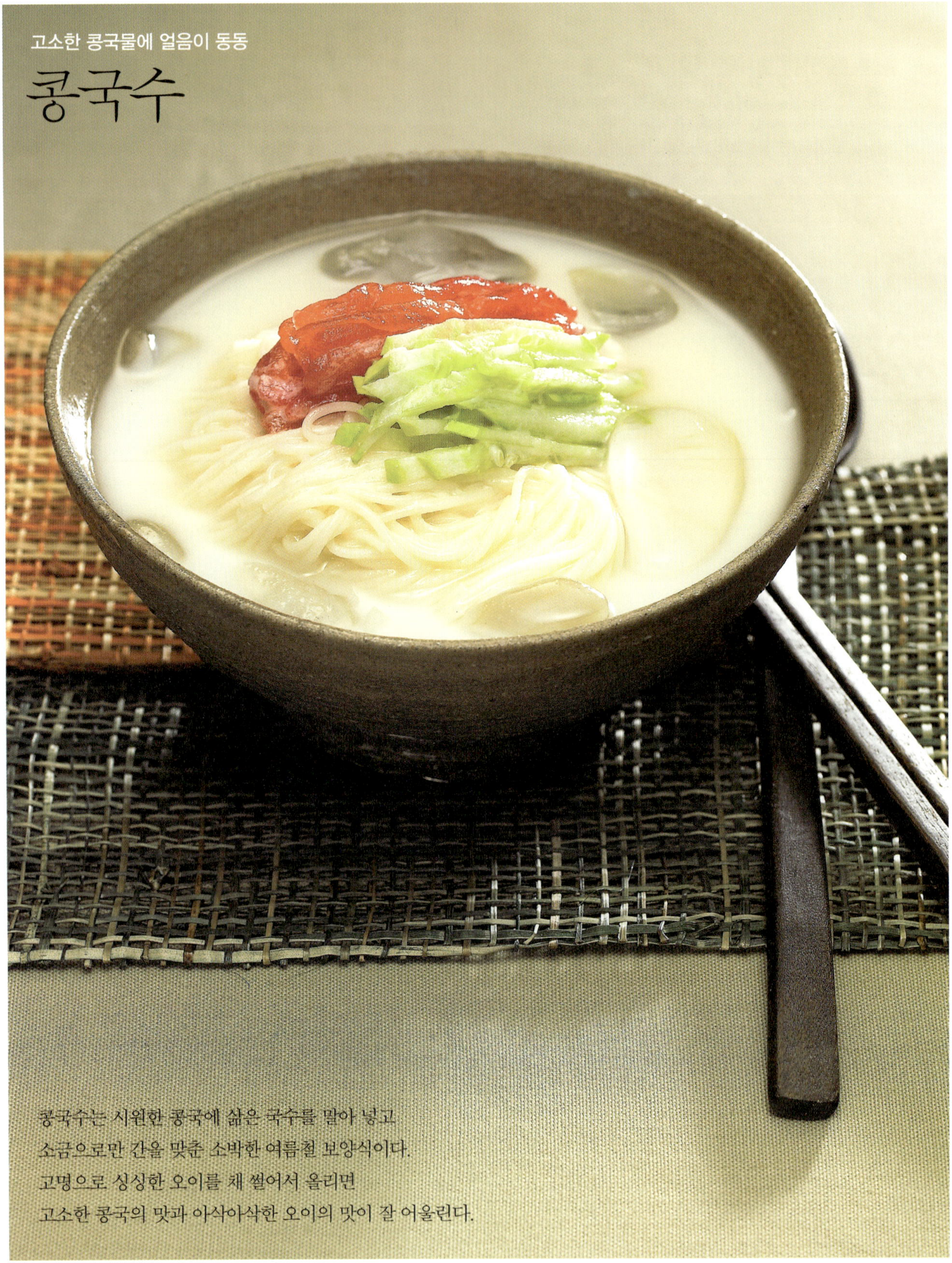

콩국수는 시원한 콩국에 삶은 국수를 말아 넣고
소금으로만 간을 맞춘 소박한 여름철 보양식이다.
고명으로 싱싱한 오이를 채 썰어서 올리면
고소한 콩국의 맛과 아삭아삭한 오이의 맛이 잘 어울린다.

흰콩 1컵, 물 4컵, 오이 30g, 볶은 참깨 3큰술, 토마토 50g, 마른 국수 200g, 소금 2작은술

20min　544kcal　4인분

1_ 흰콩은 깨끗이 씻어 돌을 일어 내고, 2컵의 물에 담가 하룻밤 불린다.

2_ 흰콩이 충분히 불면 콩을 담갔던 물은 그대로 두고 불린 콩은 비린내가 나지 않도록 냄비에 넣고 살짝 익히는데, 끓고 2~3분 정도 후에 불을 끄고 식힌다.

3_ 식힌 콩을 믹서에 갈아서 중간 체로 걸러 간을 맞춘 후 찬 곳에 둔다.

4_ 볶은 참깨와 물 1컵을 믹서에 넣어 간 후 콩물과 합한 다음, 남은 1컵의 물로 농도를 맞추고 소금으로 간을 하여 냉장고에 넣어 차게 식힌다.

5_ 오이는 어슷썰기 하여 중간 정도 크기로 채 썰고, 토마토는 위 꼭지 부분에 열십자로 칼집을 내 끓는 물에 살짝 넣었다가 건져 껍질을 벗긴 후 4등분 하여 씨를 빼고 채 썬다.

6_ 소금을 약간 넣은 끓는 물에 국수를 넣고 붙지 않게 젓가락으로 저어 가며 끓이다가, 끓어오르면 찬물을 한 번 붓고 끓인다. 다시 끓어오르고 국수가 맑은 색이 되면 건져 재빨리 찬물에 문질러 씻어 둥글게 말아 둔다.

7_ 국수를 하나씩 그릇에 담고 식힌 콩 국물을 면이 조금 잠길 정도로 옆으로 부은 후, 오이와 토마토를 예쁘게 담아 얼음을 띄워 낸다.

제철에 먹으면 맛과 영양이 일품인

주꾸미칼국수

주꾸미는 꽃이 피는 3월부터 5월에 잡은 봄 주꾸미를 제일로 친다.
낙지보다 덜 질기고 오징어보다 더 감칠맛이 좋으며
먹통과 함께 먹는 알 맛은 일품이다.

주꾸미 8마리(400g), 생칼국수 200g, 멸치 다시마 육수 6컵, 호박·부추 50g씩, 밀가루 1큰술, 소금 약간, 초고추장 2큰술

멸치 다시마 육수 물 10컵, 멸치 30g, 다시마 5cm 1장

양념장 진간장 3큰술, 다진 파·다진 마늘·굵게 다진 청·홍고추 1/2큰술씩, 참기름·깨소금 1큰술씩

<table>
<tr><td>**Essential Tip**</td></tr>
</table>

1. 수놈은 머리가 작고 색이 거무스름하며, 암놈은 알이 차서 머리 부분이 달걀처럼 노르스름하고 둥글게 생겼어요.
2. 주꾸미의 부드러운 맛을 즐기려면 단시간에 요리하는 것이 좋으며 내장을 빼지 않고 그대로 사용해도 좋아요.

 40min
 179kcal
 4인분

1_ 주꾸미는 머리를 가르지 않고 통째로 들고 내장과 눈을 빼낸다.

2_ 큰 그릇에 주꾸미를 넣고 밀가루를 뿌려 머리가 터지지 않도록 조심하면서 많이 주무른 후 깨끗이 씻어 건져 놓는다.

3_ 호박은 굵은 채로 썰고 부추는 깨끗이 씻은 후 3등분 한다.

4_ 분량의 양념장 재료를 섞어 양념장을 만든다.

5_ 멸치 다시마 육수를 끓이다가, 끓으면 건더기를 건지고 칼국수를 2등분 하여 넣은 후 서로 붙지 않도록 잘 젓는다.

6_ 국수가 끓어오르면 손질한 주꾸미와 호박채를 넣고 다시 끓인다.

7_ 주꾸미와 호박이 익으면 부추를 넣고 소금으로 간을 약간만 하여 그릇에 담아 낸다. 담아 낼 때 양념장을 1큰술 정도 위에 올려 초고추장과 곁들여 내면 주꾸미를 찍어 먹기에 좋다.

매콤하고 칼칼한, 녹두가루의 화려한 변신

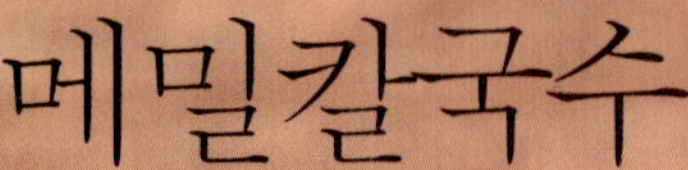

메밀칼국수

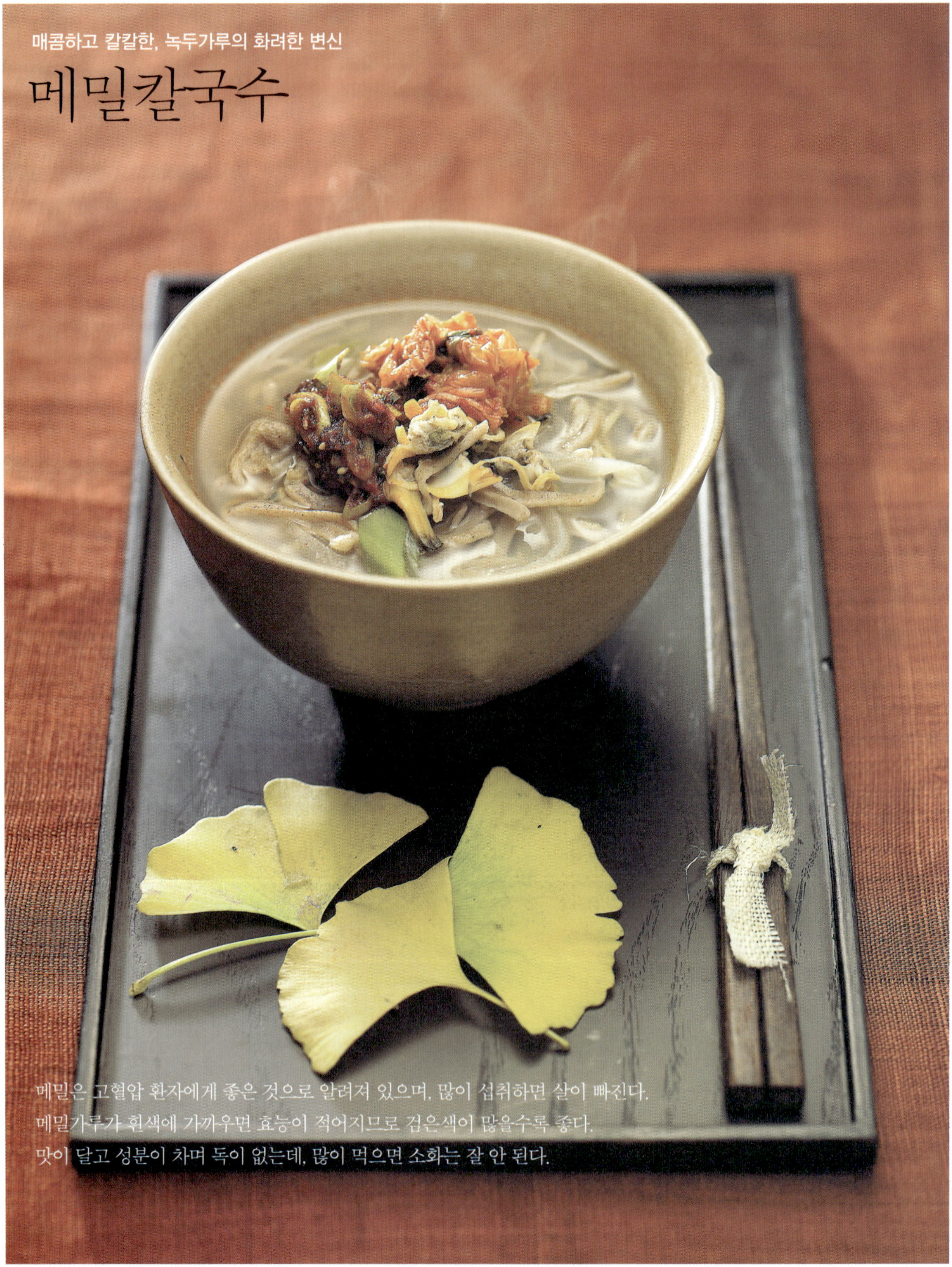

메밀은 고혈압 환자에게 좋은 것으로 알려져 있으며, 많이 섭취하면 살이 빠진다.
메밀가루가 흰색에 가까우면 효능이 적어지므로 검은색이 많을수록 좋다.
맛이 달고 성분이 차며 독이 없는데, 많이 먹으면 소화는 잘 안 된다.

메밀가루 3컵, 밀가루 1/2컵, 모시조갯살 500g, 김치 200g, 소금 약간

메밀 반죽 물 14큰술, 소금 1/2작은술

모시조개 육수 물 5컵, 채 썬 무 100g, 대파 1뿌리, 마늘 5쪽

김치 양념 참기름 2작은술, 깨소금 1작은술

양념장 진간장 4큰술, 청·홍고추·다진 마늘 1작은술씩, 고춧가루 1큰술

 40min    734kcal    4인분

1_ 메밀가루와 밀가루를 잘 섞어 분량의 물과 소금을 넣고 반죽한 후 랩이나 젖은 면포로 싸서 잠깐 둔다.

2_ 도마에 마른 밀가루를 뿌리고 반죽 덩어리를 다시 잘 치대어 방망이로 얇게 민다.

3_ 얇게 민 반죽에 마른 밀가루를 뿌려 반으로 접고, 다시 밀가루를 뿌리고 반으로 접기를 하여 너비가 5~6cm가 되면 가늘게 채 썬다.

4_ 모시조갯살은 소금물에 담가 해감을 한 후 씻어서 냄비에 담고, 분량의 물과 채소들을 넣고 끓이다가 거품이 생기면 제거하면서 국물이 뽀얗게 우러나도록 끓인다.

5_ 조개 육수가 끓으면 국수를 넣고 젓가락으로 저어 붙지 않게 한다. 국수가 끓으면서 떠오르면 찬물을 반 컵 정도 부은 후 다시 끓어오르면서 맑은 색이 나면 소금을 조금 넣어 밑간을 한다.

6_ 김치를 송송 썰어 양념 재료들을 넣고 무친다.

7_ 국수와 국물을 그릇에 담아 양념한 김치와 양념장을 올려 낸다.

매생이수제비

매생이는 물이 맑고 청청한 지역에서 한겨울에 잠깐 나오는
바다이끼다. 지질을 제외한 모든 영양소가 고루 들어 있고,
고단백, 강알칼리성 식품으로 간 기능을 높여 주고
소화 흡수가 잘 된다.

재료

밀가루 1컵(매생이 간 물 6큰술), 매생이 200g, 굴 50g,
국간장 1큰술, 물 5컵, 소금 약간

 25min  231kcal  4인분

1_ 매생이는 고운체에 넣고 물에서 흔들면서 씻는다.

2_ 굴은 소금물에 여러 번 깨끗이 씻는다.

3_ 매생이 30g에 약간의 물을 붓고 간 후, 밀가루와 함께 눅눅하게 반죽하여 랩으로 싸 둔다.

4_ 냄비에 분량의 물을 붓고 소금을 약간 넣어 끓이다가, 끓으면 밀가루 반죽에 물을 묻혀 가면서 얇게 떼어 넣는다.

5_ 수제비 반죽이 떠오르면 매생이와 굴을 넣고 끓이다가, 매생이 향이 나면 국간장으로 간을 한 후 조금 더 끓여 낸다.

김치만두

우리나라에서는 1600년대에 중국 사신을 대접하려고
처음 만두를 만들었으며, 껍질을 얇게 한 것은 교자,
발효시켜 두껍게 한 것은 상화라 하였고,
고기 등의 속이 들어 있는 것은 포자,
속을 넣지 않은 것은 만두라고 하였다.
한겨울에 간식이 생각날 때 혹은 뜨끈한
만둣국이 생각날 때 매콤한 김치만두가 제격이다.

밀가루 1컵(물 4큰술, 소금 약간), 김치 1/4포기, 다진 소고기(또는 돼지고기) 50g, 두부 100g, 달걀노른자 1개

양념 다진 파·참기름·깨소금 1큰술씩, 다진 마늘·고춧가루 1/2큰술씩, 진간장 1작은술, 후춧가루·소금 약간씩

40min **282kcal** **4인분**

1_ 밀가루 1컵에서 1큰술을 빼놓고 물 4큰술과 소금을 약간 넣어 손으로 치대 랩이나 비닐 팩에 싸서 잠깐 둔다.

2_ 김치는 속을 털어 내고 물기를 꼭 짜서 세로로 3등분 한 다음 송송 썰어 면포에 넣고 다시 물기를 짠다.

3_ 다진 소고기는 물기를 짜고 두부는 면포에 싸서 물기를 짠 후 칼날로 으깬다.

4_ 큰 그릇에 김치, 소고기, 두부, 달걀노른자와 양념을 합하여 고루 섞이도록 치댄 후 소금으로 간을 맞춘다.

5_ 랩에 싸둔 반죽을 다시 꺼내어 많이 치댄 후 도마 위에 남은 밀가루를 약간 뿌리고 반죽 위에도 뿌려 0.2cm 두께로 방망이로 민다.

6_ 납작해진 반죽을 둥근 틀로 찍어 만두피를 만든다.

7_ 만두피에 반죽한 소를 한 큰술 정도 눌러 넣고, 반을 접어 붙인 후 주름을 잡는다.

8_ 김이 오르는 찜통에 15분 정도 찐 후 동치미를 곁들여 낸다.

고소한 감자로 빚어내는

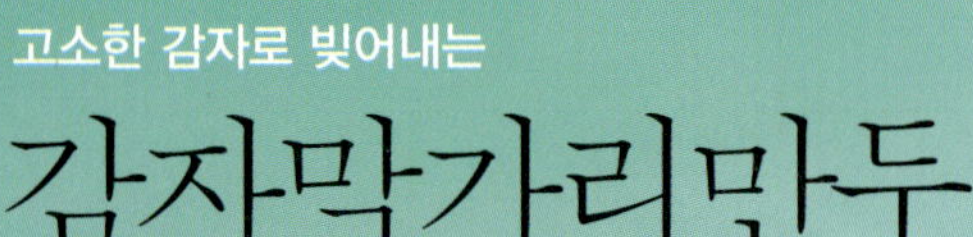

감자막가리만두

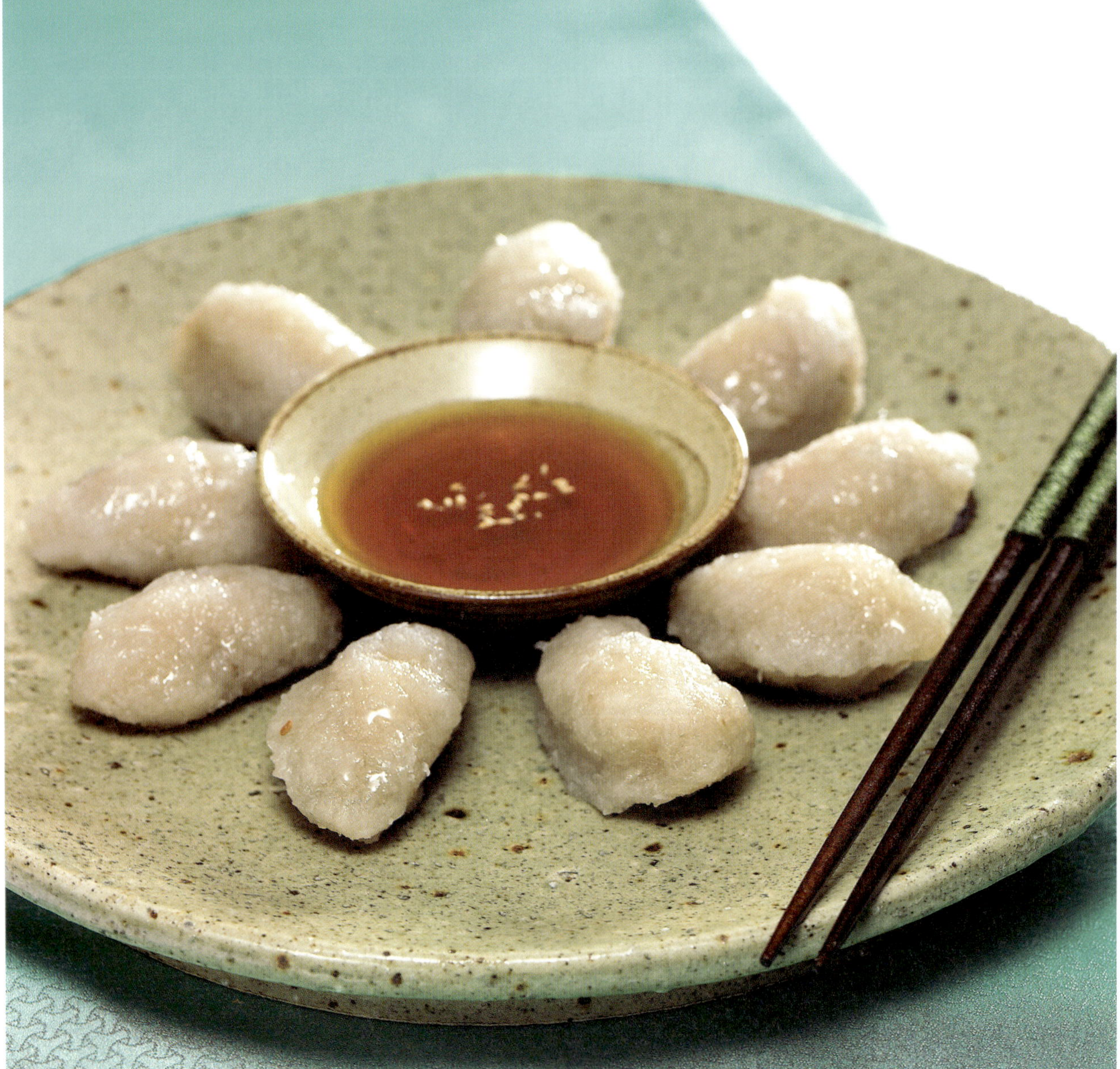

강원도와 함경도의 향토음식인 감자막가리만두는 납작한 송편 같은 모습이 투박해 보이지만 소박한 맛이 있다. 밀가루 대신 감자 전분을 이용해 만두피를 만드는 것이 가장 큰 특징이다. 생감자를 갈아 건더기를 찜통에 찐 후 감자 전분과 함께 익반죽해 만두피를 만들기 때문에 반투명하고 뽀얀 겉모습이 이채롭다.

감자 600g, 익은 김치 100g, 돼지고기(등심) 50g, 부추 30g, 소금 약간

양념 다진 파 1큰술, 다진 마늘·참기름·깨소금 1/2큰술씩

돼지고기 양념 된장·참기름·깨소금 1작은술씩, 후춧가루 약간

초간장 진간장·식초·물·깨소금 1작은술씩

30min · **766kcal** · **4인분**

1_ 감자는 껍질을 벗겨서 씻은 후 강판에 간다.

2_ 간 감자를 면포로 꼭 짜서 건더기와 국물을 분리하여 따로 담아 둔다.

3_ 돼지고기는 곱게 다져 된장, 참기름, 깨소금, 후춧가루로 양념을 하여 재어 둔다.

4_ 김치는 국물을 꼭 짜서 송송 썰고, 부추는 깨끗이 씻은 후 김치와 같은 크기로 썬다.

5_ 김치, 돼지고기, 부추를 합쳐서 분량의 양념을 하고, 간을 맞춰 소를 만든다.

6_ 감자 건더기는 소금 간을 약간 한다. 감자 국물은 윗물을 버리고 가라앉은 녹말만 감자 건더기와 합하여 소금을 약간 넣고 많이 주무른다.

7_ 반죽을 밤톨만 하게 떼어서 만들어 둔 소를 넣고 만두처럼 빚는다.

8_ 찜기에 면포를 깔고 만두를 넣어 20분간 찌는데, 중간에 한 번 찬물을 뿌리면 색은 진해져도 식감은 더 쫄깃해진다. 다 찐 후 초간장이나 양념간장을 곁들인다.

호박편수

편수란 만두를 네모지고 납작하게 만드는 것을 말한다.
호박은 잘 익을수록 당분이 증가하여 단맛이 나는데,
호박의 당분은 소화, 흡수가 잘 되기 때문에
위장이 약하고 마른 사람, 회복기에 있는 환자에게 좋다.
특히 기침이 심할 때 호박씨를 꿀과 섞어 먹으면 좋다.

애호박 300g, 소고기 200g, 불린 표고버섯 5장, 완자형 황백 지단 약간

애호박 양념 소금 1/3작은술, 참기름 1작은술, 깨소금 1/2작은술

소고기·표고버섯 양념 진간장 2큰술, 설탕 1큰술, 다진 파·깨소금 1작은술씩, 다진 마늘 1/2작은술, 참기름 2작은술, 후춧가루 약간

육수 소고기 150g, 물 6컵, 통마늘 3개, 대파 1뿌리, 소금·진간장 약간씩

만두피 밀가루 1컵, 물 4큰술, 소금 약간

초간장 진간장·식초 1큰술씩, 물 1/2큰술, 잣가루 1작은술

Essential Tip

1. 애호박은 여러 종류가 있는데 그중 일명 돼지호박은 수분이 많고 맛이 떨어져요.
2. 편수 속의 재료에 오이를 채 썰어 넣으면 아삭아삭하여 씹히는 맛이 좋고, 육수를 쓰지 않고 찐만두처럼 조리해서 차게 식혀 먹어도 좋아요.

30min 346kcal 4인분

1_ 애호박은 3cm 길이로 잘라 돌려깎기 한 다음 채 썰어 소금에 살짝 절인다. 그런 뒤 물기를 꼭 짜서 분량의 양념으로 간을 한다.

2_ 소고기와 표고버섯은 채 썬 후 각각 양념을 하여 잰 다음, 호박과 한데 섞어 소를 만든다.

3_ 육수는 분량의 재료들을 넣고 만두를 빚을 시간 동안 끓인 후 면포에 밭쳐 식힌다.

4_ 밀가루를 체에 한 번 쳐서 1큰술을 남기고, 나머지에 소금과 물을 넣고 반죽을 한 후 랩으로 싸 잠시 둔다.

5_ 남긴 밀가루를 도마에 뿌리고 만두피를 밀어 7cm 크기의 정사각형으로 자른다. 만두피에 소를 넣고 모아 쥐어서 끝 부분에 구멍을 조금 남긴 후 사각으로 붙인다.

6_ 냄비에 물 5컵 정도를 넣고 끓이다가 끓으면 소금을 약간 넣고 만두를 넣어 익힌다. 만두가 떠오르면 찬물을 1/2컵 정도 부어 다시 끓어오르면 건진 후 얼음물에 식혀 그릇에 담고 육수를 붓는다. 완자형 황백 지단을 띄우고 초간장을 곁들인다.

석류 모양을 본떠 빚은 정성스러운 만둣국

석류만둣국

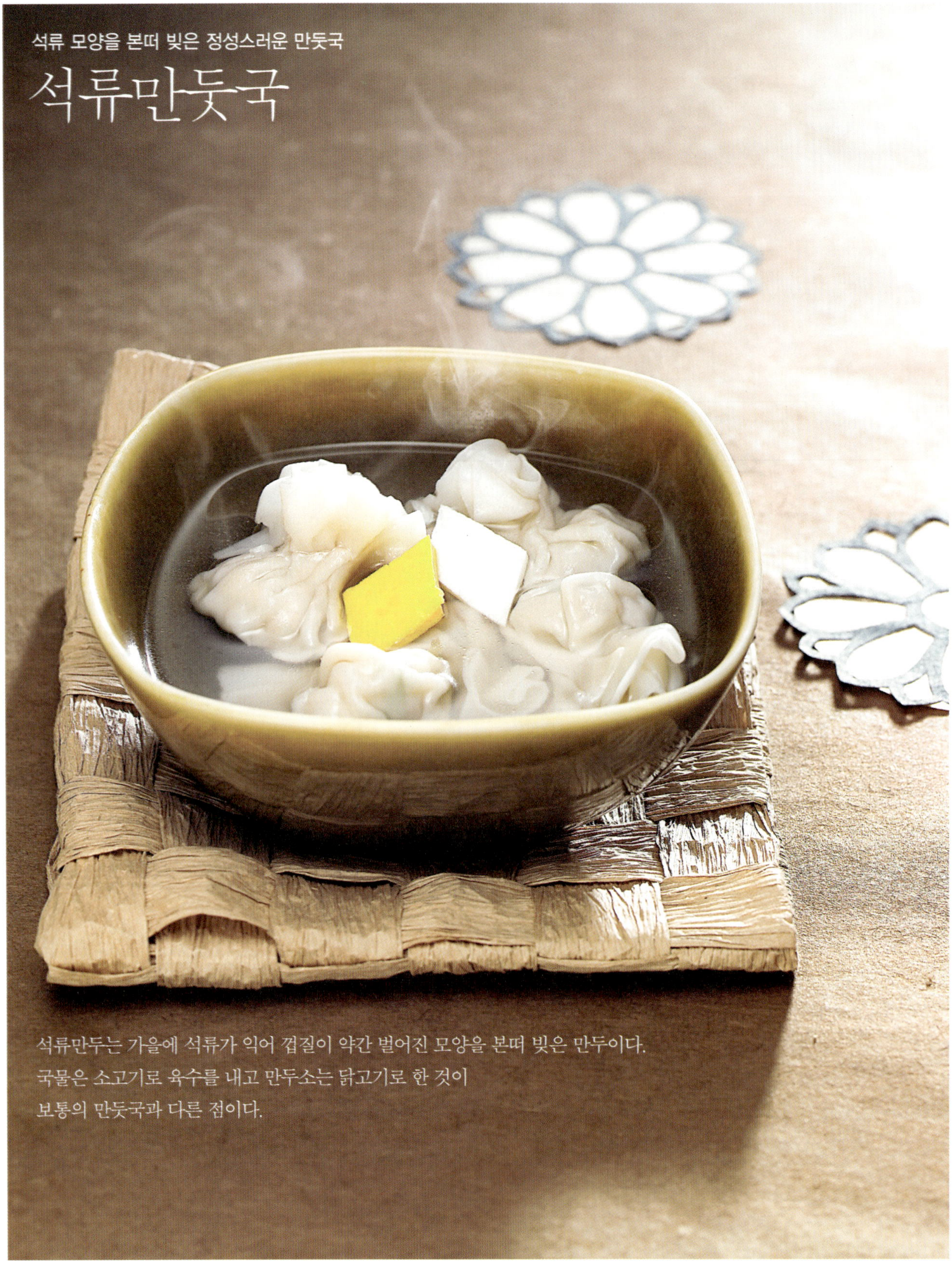

석류만두는 가을에 석류가 익어 껍질이 약간 벌어진 모양을 본떠 빚은 만두이다.
국물은 소고기로 육수를 내고 만두소는 닭고기로 한 것이
보통의 만둣국과 다른 점이다.

만두피 20장, 닭 살코기·소고기 50g씩, 불린 표고버섯 3장, 두부·무 50g씩, 미나리·숙주 20g씩, 잣·달걀 황백지단·소금·국간장 약간씩

육수 양지머리 200g, 대파 1뿌리, 무 50g, 양파 1/2개, 마늘 3쪽, 물 7컵

소 양념 소금·진간장 1/2작은술씩, 다진 마늘 1/2큰술, 다진 파·참기름·깨소금 1큰술씩, 후춧가루 약간

30min · **214kcal** · **4인분**

1_ 소고기는 물에 담가 핏물을 빼 둔다. 핏물을 뺀 소고기는 향신채와 함께 찬물에 넣어 끓기 시작하면 불을 낮추고, 서서히 끓여 육수가 충분히 우러나도록 한 후 면포에 거른다.

2_ 소고기와 닭 살코기는 곱게 다지고, 불린 표고버섯은 2장 포 뜨기 하여 곱게 채 썬다.

3_ 두부는 물기를 꼭 짜서 으깨고, 무는 고운 채로 썰어 끓는 물에 데친 후 식혀서 물기를 꼭 짠다.

4_ 미나리와 숙주도 끓는 물에 소금을 약간 넣고 살짝 데친 후 송송 썰어 물기를 꼭 짠다.

5_ 준비한 만두소를 큰 그릇에 담고 양념들을 넣어 고루 섞어 치댄 후 잠시 둔다.

6_ 만두피 가장자리에 물을 약간 바르고 만두소를 차 숟가락 크기 정도로 넣은 후 잣을 2개 넣는다. 만두피 윗부분 2/3 지점에서 양손으로 오므려 주름을 잡는다.

7_ 면포에 거른 육수 5컵 분량을 냄비에 붓고 끓이다가 국간장과 소금으로 간을 맞춘 후 만두를 넣어 끓인다.

8_ 만두가 떠오르면 그릇에 담고 달걀 황백 지단을 완자 모양으로 썰어 올린다.

밀쌈

밀쌈은 채소에 밥을 싸 먹는 것을 응용한 음식으로,
밀전병에 갖가지 재료들을 싸서 먹는 음식이다. 밀가루 음식은
주로 여름철에 많이 먹는데 쌀에 비해 영양적으로 우수하지만
완전식품은 아니므로 오랫동안 먹으면 좋지 않다.

재료

소고기(우둔살) 100g, 밀가루 1컵, 불린 표고버섯 5장, 오이 300g, 당근 100g, 달걀 2개, 물 2컵, 소금·참기름 약간씩, 올리브유(또는 식용유) 4큰술

소고기·표고버섯 양념 진간장 2큰술, 설탕 1큰술, 다진 파·참기름·깨소금 2작은술씩, 다진 마늘 1작은술, 후춧가루 약간

40min　**180kcal**　**4인분**

1_ 밀가루에 소금 간을 하여 덩어리 없이 물에 잘 푼 후 체로 한 번 거른다.

2_ 밀가루 반죽을 팬에 부으면서 원하는 두께가 되도록 팬을 기울여 크게 전병을 부친다.

3_ 당근, 오이는 씻은 후 가늘게 채 썰어 소금을 뿌렸다가 물기를 빼고 올리브유에 색이 변하지 않게 살짝 볶는다.

4_ 달걀은 황백으로 나누어 지단을 얇게 부쳐 가늘게 채 썬다.

5_ 소고기는 곱게 채 썰어 양념을 하고, 표고버섯도 가늘게 채 썰어 양념을 하여 함께 볶는다.

6_ 준비한 모든 재료를 가볍게 섞어 소금과 참기름으로 간을 맞춘다.

7_ 김발 위에 얇게 부친 밀전병을 올려놓고 준비한 재료들을 길게 골고루 놓은 후 꼭꼭 만다.

8_ 길쭉한 밀쌈을 4cm 길이로 잘라 양념간장을 만들어 곁들인다.

찰밥나물쌈

전국의 산과 들에서 나는 취나물은 곰취, 참취, 개미취, 각시취, 수리취, 단풍취 등으로 종류가 다양하다.
방향성 나물로서 매운맛이 있으며, 매운 기운을 빼려고 삶아서 물에 담가 둔다.
산나물의 대표인 참취는 '암취'라고도 하며, 잎 뒷면은 흰 빛을 띠고 잎의 가장자리는 톱니모양이 나 있다.
참취는 말려서도 먹는데, 말려서 삶은 물을 마시면 진통, 해독 작용 등에 효능이 있다.

재료

찹쌀 2컵(밥물 2컵, 소금 약간), 팥 1/2컵(물 2컵), 곰취·
참취·머위잎 50g씩, 김치 30g, 참치통조림(또는 참치살)
30g, 잔멸치 20g, 소금 약간

김치 양념 참기름·깨소금 1작은술씩

참치 양념 청양고추 3개, 참기름·깨소금 1작은술씩, 후
춧가루 약간

잔멸치 양념 간장·물엿·깨소금·정종 1작은술씩, 소금
약간

30min　**318kcal**　**4인분**

1_ 찹쌀은 깨끗이 씻어 물에 담가 30분 정도 불린다.

2_ 냄비에 물 2컵을 붓고 깨끗이 씻은 팥을 넣어 터지지 않을 정도로 삶아 건진다. 국물이 남아 있으면 밥물과 섞어 물
을 2컵 만든다.

3_ 불린 찹쌀과 삶은 팥을 냄비에 넣어 밥물을 부은 후 밥을 짓는데, 밥물에 소금을 약간 넣어 간을 맞춘다.

4_ 곰취, 참취, 머위잎은 깨끗이 씻어 끓는 물에 소금을 약간 넣고 부드럽게 삶는다. 그런 뒤 찬물에 씻어 잠시 담가 둔다.

5_ 찬물에서 건져 물기를 꼭 짠 곰취, 참취, 머위잎의 잎을 펼쳐 가지런히 둔다.

6_ 김치는 속을 털어 내고 송송 썰어 분량의 양념에 무친다. 참치통조림은 꼭 짜서 기름기를 없애고 잘게 부순 후 청양
고추를 아주 곱게 다져 양념에 넣고 무친다.

7_ 잔멸치는 잡티를 골라내고 양념에 아주 살짝 볶는다.

8_ 각각의 나물잎에 밥을 얹고 속에는 무친 김치, 무친 참치, 볶은 잔멸치를 각각 넣어 주먹밥을 만든다.

녹두빈대떡

녹두는 피부를 깨끗하게 하고
피로를 회복시켜 주며, 입술이 마르고 입안이
헐었을 때 좋다. 또 위장을 튼튼하게 하고 눈을 밝게 한다.
녹두는 몸을 차게 하는 성질이 강하기 때문에 해열, 고혈압, 숙취에 매우 좋지만,
혈압이 낮은 사람이나 냉증이 있는 사람은 피하는 것이 좋다.

재료

불린 녹두 1컵, 물 1/3컵, 돼지고기 30g, 베이컨·삶은 도라지·배추김치 20g씩, 대파 1뿌리, 소금·올리브유(또는 식용유)·참기름 약간씩

돼지고기 양념 다진 파 1/2작은술, 다진 마늘 1/3작은술, 참기름·후춧가루 약간씩

도라지 양념 소금·참기름 약간씩

 30min  130kcal  4인분

1_ 불린 녹두를 여러 번 씻어 껍질을 제거한 후 일어서 돌을 골라낸다.

2_ 손질한 녹두를 체에 걸러 껍질을 제거한다.

3_ 껍질을 제거한 녹두를 믹서에 넣고 물 1/3컵을 부은 후 너무 곱지 않게 간다.

4_ 배추김치는 송송 썰어 참기름에 무치고, 대파는 깨끗이 씻어 모양대로 가늘게 썬다.

5_ 삶은 도라지는 1cm 길이로 썰어서 소금과 참기름으로 무친 후 살짝 볶아 식힌다.

6_ 돼지고기는 곱게 다져 분량의 양념 재료들을 넣어 무치고, 베이컨도 잘게 썰어서 한데 섞는다.

7_ 무친 돼지고기와 도라지, 배추김치, 대파를 한 그릇에 담고 간 녹두를 부은 후 소금으로 간을 한다.

8_ 올리브유를 두른 팬에 녹두 반죽을 한 입 크기로 넣고 부친다.

메밀김치전

메밀의 단백질은 다른 식물에 들어 있는 단백질과
비교해도 그 품질이 우수하다. 따라서 고혈압 환자나
동맥경화증 같은 혈관계 환자에게 권장할 만한 식품이며
녹내장, 당뇨병, 암 등의 성인병 및 방사능 질병의
예방과 치료를 위한 식이요법에 광범위하게 이용된다.

메밀쌀 · 물 2컵씩, 배추김치 1/4쪽, 쪽파 50g, 소금 · 올리
브유(또는 식용유) 약간씩

20min **406kcal** **4인분**

1_ 메밀쌀은 깨끗이 씻은 후 미지근한 물 2컵에 3시간 이상 미리 불린다.

2_ 메밀쌀을 불린 물과 함께 믹서에 곱게 갈아 큰 그릇에 옮겨 담고 소금으로 간을 맞춘다.

3_ 김치는 속을 털어 낸 후 긴 것은 반으로 자르고 넓은 것은 대충 찢는다.

4_ 쪽파는 손질하여 깨끗이 씻은 다음 반으로 자른다.

5_ 팬에 올리브유를 두르고 김치와 쪽파를 번갈아 가면서 넓게 펼친다. 그 위에 소금 간한 메밀 반죽을 한 국자 떠서 흘
려 붓고 숟가락으로 골고루 펼친다.

6_ 밑면이 다 익고 위가 말랐으면 뒤집어서 꾹꾹 눌러 노릇노릇하게 굽는다.

동래파전

동래파전은 부산 동래의 파가 유명해지면서 생긴 음식이다.
동래는 다른 지역과 토질이나 파 재배 방법이 다른데,
해초와 생선 뼈, 조개껍데기를 거름으로 한다.
비타민, 칼슘, 철분 등이 많이 함유되어 있어
위의 기능을 돕고 감기를 막는 효과가 있으며
생선의 독을 해독시키고 비린내를 중화시킨다.

재료

쪽파 200g, 밀가루 1컵, 멥쌀가루·찹쌀가루 1/3컵씩, 물
1컵, 홍합·조갯살·새우살 50g씩, 고추장 1큰술, 달걀
1개, 올리브유 1/3컵

양념장 간장 2큰술, 고춧가루 1/2큰술, 깨소금·참기름
1작은술씩, 청양고추 1개

30min　331kcal　4인분

1_ 쪽파는 다듬어 깨끗이 씻은 후 물기를 빼고 굵은 흰 부분은 칼등으로 두드린다.

2_ 손질한 쪽파를 2등분 한다.

3_ 홍합, 조갯살, 새우살은 소금물에 씻어 건진다.

4_ 해물은 각각 굵게 다지고 달걀은 풀어 둔다.

5_ 물에 밀가루, 멥쌀가루, 찹쌀가루를 넣고 고추장을 넣어 덩어리 없이 푼다.

6_ 팬에 기름을 넉넉히 두르고 밀가루 반죽에 쪽파를 적셔 얇게 펼쳐 놓는다.

7_ 다진 해물에 밀가루 반죽을 조금 섞어서 파 위에 고루 얹고 뒤집는다.

8_ 해물이 익어 물이 생기기 시작하면 뒤집어 달걀물을 부은 후 다시 뒤집어 살짝 익힌다.

상추불뚝전

상추는 삼국시대부터 먹기 시작한 것으로 알려져 있으며,
주로 생으로 쌈을 싸 먹는다.
상추에서 나오는 흰 진액은 '락투'라고 하여 진통과 마취 작용을 하는데,
상추를 먹으면 잠이 잘 오는 것도 이 성분 때문이다.

재료

상추 200g, 밀가루·물 1컵씩, 고추장 1/2큰술, 된장 2작
은술, 올리브유 약간

양념 초간장 물·진간장 2큰술씩, 식초 1큰술, 다진 파
1/2작은술, 다진 마늘·다진 홍고추·고춧가루 1작은술
씩, 참기름·소금 약간씩

 20min  194kcal  4인분

1_ 상추는 밑동의 지저분한 껍질을 벗기고 칼등으로 자근자근 두드려 부드럽게 만든다.

2_ 부드러워진 상추를 깨끗이 씻어 물에 잠깐 담가 쓴맛을 뺀 후, 건져서 물기를 뺀다.

3_ 밀가루에 물 1컵과 고추장, 된장을 넣고 거품기로 잘 풀어서 반죽을 만든다.

4_ 팬에 올리브유를 두르고 약한 불에 달군 후 물기 뺀 상추불뚝을 반죽에 넣었다 빼서 위아래가 엇갈리게 2~3개 정도
올려놓는다.

5_ 그 위에 반죽을 조금 더 뿌리고 앞뒤로 눌러 가며 얇게 펴면서 노릇노릇하게 구운 후, 양념 초간장을 곁들여 낸다.

해물부침개

비가 오면 간식으로 가장 먼저 생각나는 것이 부침개이다.
식재료를 하나하나 잘라 밀가루를 묻히고
달걀을 입혀 기름에 지지는 것을 일컬어
전, 저냐, 전유화, 간납이라 하고, 밀가루에
재료를 합하거나 감자, 녹두, 콩 등을 갈아
골고루 섞어 기름에 지지는 것을 부침개라고 한다.

깻잎 10장, 밀가루·물 1컵씩, 오징어 200g, 깐 새우·부
추·김치 100g씩, 올리브유(또는 식용유) 1/2컵, 소금 1작
은술, 감자·양파 1개씩, 우엉 50g, 홍고추 2개
양념장 청·홍고추 1개씩, 진간장 2큰술, 마늘 2쪽

 20min
 348kcal
 4인분

1_ 깻잎과 부추는 깨끗이 여러 번 씻어 물기를 빼고 먹기 좋은 크기로 자른다.

2_ 뿌리채소들은 껍질을 벗기고 깨끗이 씻어 가늘게 채 썰고, 홍고추는 어슷썰기 하여 가늘게 채 썬 후 물에 한 번 씻어
서 씨를 제거한다.

3_ 오징어는 껍질을 벗겨 채 썰고, 새우는 내장을 제거한 후 씻어서 물기를 빼고 굵게 다진다.

4_ 밀가루 1컵에 같은 양의 물을 부어 덩어리 없게 풀어서 체에 밭쳐 잘 섞이도록 젓고, 소금으로 간을 맞춘 후 김치를
송송 썰어 넣는다.

5_ 손질한 재료들을 모두 잘 섞는다.

6_ 약한 불로 달군 팬에 올리브유를 두른 후 열이 오르면 중간 불로 키워 반죽을 한 국자 떠서 얇게 편다. 앞뒤로 노릇노
릇하게 지진다.

7_ 청·홍고추는 씨를 뺀 후 굵게 다지고, 마늘은 모양대로 얇게 썰어 진간장에 넣고 양념장을 만든다.

삼계탕

닭은 기를 보하는 식재료로 알려져 있다.
인삼은 항암, 콜레스테롤 저하, 산화 방지 효과가 있고
닭과 궁합이 잘 맞아 닭 요리에 자주 쓰인다.
황기는 기를 보충해 주고 소화기를 튼튼하게 한다.
삼과 황기는 3년 이상 된 것이라야 약효가 있다.

닭 2kg(4마리), 녹각 5g, 찹쌀 2컵, 은행 10알, 수삼(6년근)
2뿌리, 통마늘 1개, 황기 10g, 대파 1/2뿌리, 대추 10개

 50min
 799kcal
 4인분

1_ 닭은 내장을 끄집어내고 핏덩어리를 제거한 후 꼬리 부분의 지방을 잘라 내 깨끗이 씻어 물이 빠지도록 세워 놓는다. 찹쌀은 씻어 물에 30분 이상 불려 놓는다.

2_ 수삼은 깨끗이 씻고, 황기는 머리 부분을 잘라 내고, 녹각은 얇게 저민 것을 깨끗이 씻는다.

3_ 마늘과 은행은 껍질을 벗기고, 대추는 표면을 깨끗이 닦는다.

4_ 돌솥에 물을 반쯤 붓고 수삼과 황기, 녹각, 대추를 넣고 서서히 끓인다.

5_ 씻어 놓은 닭에 불린 찹쌀의 물기를 빼서 넣고 마늘, 은행도 함께 넣은 후 내용물이 빠지지 않게 실로 꿰매거나 양쪽 다리를 서로 엇갈리게 끼운다.

6_ 돌솥의 물이 거의 우러났으면 망으로 건더기를 건져 내고, 물이 끓을 때 손질한 닭을 넣어 약 40분간 중간 불에서 익힌다.

7_ 닭을 젓가락으로 찔러 보아 부드럽게 들어가면 다 익은 것이므로, 건져 놓은 삼을 넣고 한 번 더 끓인 후 대파를 송송 썰어 넣는다. 오이소박이와 마늘, 풋고추, 양념된장을 함께 곁들여 낸다.

아이와 어른 모두 좋아하는 건강한 달콤함

전통다과와 음료

쌀강정

곡류나 견과류 등을 엿에 버무린 것을 틀에 쏟은 후 밀어서 굳기 전에 썬 것을 강정이라 한다.
쌀강정은 엿으로 만든 음식이므로 맛이 달고 독이 없으며 열을 많이 내 적당히 먹으면 위를 보한다.
모양이 예쁘고 빛깔이 좋아 손님맞이용 다과로도 좋다.

멥쌀 2컵, 파래가루 1큰술, 백년초가루 1작은술, 설탕·물엿·물 1/2컵씩, 식용유 2컵

 40min
 157kcal
 4인분

1_ 쌀은 깨끗이 씻어 물에 3시간 이상 불린 후 김이 오르는 찜통에 푹 찐다.

2_ 잘 쪄진 밥은 전분을 빼기 위해 물에 넣고 씻는다.

3_ 씻은 밥을 채반에 널어 바삭하게 말린다.

4_ 말린 쌀은 방망이로 밀어 밥알을 알알이 떨어지게 한다.

5_ 냄비에 설탕과 물을 붓고 중간 불에서 졸인 후, 시럽처럼 되면 물엿을 2큰술 정도만 남기고 넣어 끓인다.

6_ 팬에 분량의 식용유를 두르고 180℃로 예열한 후 말린 밥을 체에 담아 하얗게 튀긴다.

7_ 냄비에 물엿 2큰술과 백년초가루 1작은술을 넣어 잘 섞은 후 튀긴 밥을 2컵 정도 넣고 잘 버무린다.

8_ 실이 생기기 시작하면 비닐을 깐 틀에 부어 고루 펼친 후 1cm 두께의 원하는 크기로 만들어 굳기 전에 칼로 자른다. 파래가루도 같은 방법으로 만든다.

각색정과

금귤은 제철에 잠깐 나와 과일처럼 먹지만 오랫동안 맛과 향을 즐기기 위해 엿물에 졸이는
정과로 만들기도 한다. 금귤은 감귤류로 오렌지색에 단맛이 있으나 신맛이 더 강하다.
한겨울이 제철이며 껍질을 벗기지 않고 깨끗이 씻어 통째 먹는데
껍질에는 갈락탄, 펜토산, 플라보노이드, 비타민 C가 많이 들어 있다.

통도라지 100g, 연근 100g, 금귤 10개
통도라지 · 연근 양념 설탕 50g, 물엿 · 꿀 1큰술씩, 물 1컵,
소금 아주 약간
금귤 양념 설탕 70g, 물엿 1큰술, 꿀 2큰술, 물 1컵

Essential Tip

1. 연근은 가늘면서 살이 두꺼운 것으로 골라야 정
   과 만들기에 좋아요.
2. 재료들을 삶거나 데칠 때 재료의 식이섬유가 부드
   러워져야 정과색이 곱게 나며, 물이 모자라 중간
   에 찬물을 붓게 되면 색이 점점 더 진한 색으로 변
   하게 되니 주의하세요. 또 과일이 아닌 식재료로
   만들 때는 단맛이 없기 때문에 소금을 약간 넣어
   주면 설탕의 상승 효과로 인하여 맛이 좋아져요.

40min　**135kcal**　**10인분**

1_ 통도라지는 깨끗이 씻어 길게 2등분 한 후 5cm 길이로 잘라 끓는 물에 소금을 넣고 데친다.

2_ 연근은 껍질을 벗기고 깨끗이 씻은 후 0.3cm 두께로 썰어 끓는 물에 소금을 약간 넣고 삶는다.

3_ 금귤은 깨끗이 씻은 후 2등분 하여 씨를 빼고 끓는 물에 소금을 넣어 살짝 데친다.

4_ 각각 냄비에 분량의 재료와 설탕, 물엿, 소금을 넣고 물 1컵씩을 부은 후 졸인다.

5_ 맑은 색이 나기 시작하면 꿀을 넣어 조금 더 졸인다.

6_ 졸인 정과는 여분의 물엿이 빠지도록 체에 밭친다.

7_ 채반에 올려 식히면서 꾸덕해지면 담아 낸다.

약식

약식은 신라 소지왕이 자신의 생명을 구한 까마귀에게 보은하기 위해,
음력 정월 보름날에 까마귀 깃털 색과 같은 밥을 지어 먹였다는 것에서
유래했다. 옛 어른들은 정월 대보름에 약식을 먹으며 무탈 무병의
건강한 한 해를 기원하였고, 길이 갈라지는 삼거리나
오거리에 버려 액막이를 하기도 하였다.

찹쌀 3컵, 대추 1컵(물 2컵), 밤 10톨, 잣 1큰술, 참기름·
진간장 2큰술씩, 꿀 1큰술, 황설탕 1/2컵, 소금 약간

60min　369kcal　4인분

Essential Tip

1. 찹쌀은 쌀알이 굵고 윤기가 있으며 맑은 색보다 우유빛처럼 고운 것이 좋아요.
2. 대추를 사용하지 않고 곶감을 사용해도 좋아요. 곶감을 사용할 때는 물을 최소한으로 해서 불려 사용하세요. 색을 곱게 내려면 설탕을 태워 캐러멜소스를 만들어 사용하면 좋아요.

1_ 찹쌀은 깨끗이 씻어 5시간 이상 물에 불린 후 건져서 물기를 뺀다. 김이 오르는 찜통에 면포를 깔고 찹쌀을 넣어 중앙에 홈을 판 다음 가장자리를 면포로 덮고 30분 정도 찌는데, 찌는 중간에 물을 한 번 뿌려 위아래를 저어 준다.

2_ 대추는 분량을 반으로 나눠 한쪽은 씨를 뺀 후 3등분 해서 따로 두고, 나머지는 대충 잘라서 뺀 씨와 함께 푹 삶는다.

3_ 대추가 다 삶아지면 주물러서 체에 거른 후 씨와 껍질은 버리고 거른 대추를 조려서 된 죽같이 만드는데, 이것을 대추고라 한다.

4_ 밤은 껍질을 벗긴 후 2등분 하고, 잣은 고깔을 떼고 젖은 면포로 살짝 닦아 둔다.

5_ 큰 그릇에 참기름, 꿀, 황설탕, 진간장을 넣고 잘 섞는다.

6_ 양념에 잘 쪄진 찰밥과 대추고를 넣고 밥알이 하나하나 다 풀리도록 고루 양념을 비빈 후 간이 배도록 잠시 둔다.

7_ 간이 배면 밤, 대추, 잣을 넣고 섞은 후 다시 간을 보고 싱거우면 소금으로 간을 맞춘다.

8_ 김이 오르는 찜통에 약식을 넣고 20분 정도 찐 후 밥알이 부드러워지면 불을 끄고 잠시 두었다가 그릇에 담는다.

쑥버무리

쑥버무리는 과거 쌀이 부족할 때 쑥과 밀가루를 버무려
밥 위에 얹어 살짝 쪄서 먹던 음식이다.
쑥은 아주 오래 전부터 식용으로 사용하였으며
칼슘, 칼륨, 인, 철분 등의 각종 미네랄이 풍부하고 위를 튼튼하게 한다.

멥쌀가루 5컵, 어린 쑥 100g, 설탕 5큰술, 물 2큰술

1. 쑥버무리용 쑥은 너무 어린 것보다는 약간 자란 것이 더 좋으며, 솜쑥이라 하는 털이 하얗고 뽀얗게 난 쑥이 부드럽고 향이 은은해요.
2. 쑥을 씻을 때 너무 강하게 주무르면서 씻지 마세요. 쌀가루에 물을 내리는 것도 다른 떡에 비하여 약간 적게 넣으며, 찔 때도 너무 오래 찌지 않는 게 좋아요. 또 모양이 있는 떡이 아니기 때문에 썰어서 담는 것보다 숟가락으로 떠 담는 것이 자연스러워요.

30min   **288kcal**   **10인분**

1_ 쑥은 어리고 연한 쑥으로 골라 잡티를 고르고 다듬는다.

2_ 다듬은 쑥은 찬물에서 깨끗이 씻는다.

3_ 씻은 쑥을 소쿠리에 건져 물기를 뺀다.

4_ 소금을 넣고 빻은 멥쌀가루에 물을 넣고 고루 섞이도록 잘 비빈다.

5_ 비빈 멥쌀가루를 체에 한 번 내린 후 설탕을 넣고 잘 섞는다.

6_ 쑥을 넣고 잘 버무려 멥쌀가루가 고루 섞이도록 한다.

7_ 찜틀에 젖은 면포를 깔고 버무린 쑥을 넣어 위를 고르게 한 후 김이 오르는 찜통에 20분간 찐다. 불을 끄고 바로 꺼내지 말고 3~5분 정도 두었다가 꺼낸다.

8_ 그릇에 숟가락이나 주걱으로 떠낸다.

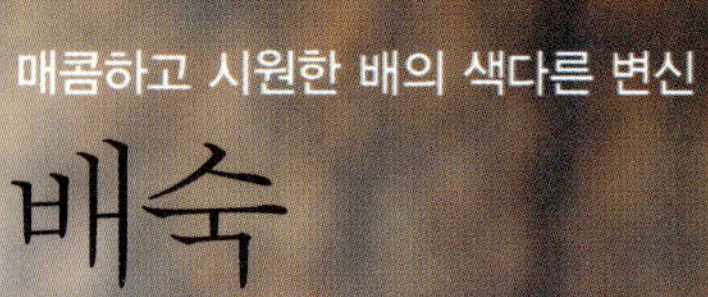

배숙

생강은 우리나라 역사서인 《고려사》에 기록이 처음 나오는데,
왕이 하사품으로 쓰기도 했다고 한다.
생강의 향미 성분은 소화·흡수를 돕는 효능이 있으며,
한방에서는 해열, 혈행 장애, 감기, 풍한 등에 이용해 왔다.

배 1개, 통후추 1/2큰술, 생강 50g, 물 5컵, 잣 1작은술,
유자즙 1큰술
설탕물 설탕 1/3컵, 물 2컵

 20min
 46kcal
 10인분

1. 생강은 충남 서산, 나주, 전주에서 나는 것이 유명한데, 지금은 수입을 많이 하고 있어요.
2. 민간요법에서 감기와 기침에는 생강즙 반 홉에 꿀을 한 숟가락 넣고 데워 매일 5회 정도 복용하면 좋다고 알려져 있어요. 국산 생강은 알이 조금 작고 흙이 많이 묻어 있는 반면, 수입 생강은 매운맛이 약하고 알이 굵으며 노란색이 진하고 흙을 깨끗이 씻어서 판매하고 있어요.

1_ 배는 8쪽으로 쪼개어 껍질을 벗긴 다음, 씨 부분을 잘라 내고 가장자리를 약간 도려내 각이 없게 한 후 설탕물에 담근다.

2_ 설탕물에 담근 배의 등 쪽에 통후추 2~3개를 꼬치를 이용해 깊숙이 박은 후 다시 설탕물에 담근다.

3_ 생강은 껍질을 벗기고 깨끗이 씻은 후 얇게 썬다.

4_ 냄비에 물을 붓고 생강을 넣어 센 불로 끓이다가, 불을 약하게 하여 생강에서 물이 우러나게 끓인다. 이때 배의 부스러기 살을 같이 넣고 끓인다.

5_ 생강에서 물이 우러나면 건더기를 건져 내고, 설탕물째로 배를 넣어 중간 불로 끓이다가 배의 중앙 부분이 약간 덜 익었을 때 불을 끈다.

6_ 배숙에 유자즙을 넣어 마무리한 후 차게 식혀 그릇에 담고 잣을 띄워 낸다.

향설고

8월에 나오는 첫 배는 신맛이 강하고 단맛이 적어 설탕을 이용한 조리에 많이 사용된다.
배는 독특한 단맛에 시원한 맛이 있는 알칼리성 과일로, 기침과 변비에 효능이 있고
이뇨 작용도 한다. 민간요법으로는 몸살 기운이 있을 때 소주, 배즙, 생강즙, 꿀 등을
함께 넣고 중탕하여 마시면 몸이 풀린다고 한다.

1_ 배의 껍질을 벗겨 통후추를 군데군데 박는다.

2_ 생강은 껍질을 벗기고 씻어서 얇게 썬 후 물 6컵을 넣고 끓인다.

3_ 끓인 생강물에 설탕과 꿀을 탄다.

4_ 여기에 통후추를 박은 배를 넣고 부드러워질 때까지 서서히 끓인다.

5_ 차게 식힌 후 배 하나를 그릇에 담고 국물을 부어 계피가루와 잣을 띄운다.

아이와 어른 모두 좋아하는 건강한 달콤함
전통다과와 음료

곶감수정과

곶감은 과거 가정의 비상약으로도 중요한
역할을 하였는데, 곶감을 식초에 절인 후 그 물로
벌레 물린 데 사용하였고 부스럼, 종기에도 발랐으며,
비염, 코 막힘, 숙취 제거, 설사 등에도 사용하였다.
곶감의 흰 가루는 감 속의 당분이 밖으로 나와
생긴 것으로, 주성분은 포도당이며 말리는 시기가
늦어질수록 더 많은 양이 생기고 맛도 좋다.

곳감 10개, 통계피 30g, 생강 50g, 흑설탕 1/2컵, 흰설탕
1컵, 물 10컵, 잣 1큰술

30min 198kcal 10인분

1_ 냄비에 분량의 물을 부은 후 통계피는 깨끗이 씻어 넣고 생강은 껍질을 벗긴 다음 얇게 저며썰기 하여 넣는다.

2_ 센 불에서 끓이다가 거품이 생기면 거품을 국자로 걷어 내고, 불을 낮추어 중간 불에서 서서히 끓인 후 향이 우러나면 면포에 거른다.

3_ 곳감은 꼭지를 떼고 눌러서 속의 씨를 뺀다.

4_ 거른 국물을 다시 냄비에 부은 후 흑설탕과 흰설탕을 넣는다.

5_ 단맛이 날 때까지 졸인다.

6_ 끓인 수정과는 그릇에 담아 식힌 후 곳감을 넣고 하루 정도 둔다.

7_ 곳감 맛이 우러나면 그릇에 곳감 하나를 담아 잣을 띄우고 작은 숟가락을 곁들인다.

식혜

식혜는 후식 또는 간식으로 남녀노소 누구나
즐기는 민족 음식으로, 때로는 소화제 대신 마시기도 했다.
식혜는 엿기름이 중요한데, 어떻게 엿기름을
걸렀는지에 따라 맛이 좌우된다.
엿기름에는 녹말을 당분으로 만드는
효소가 많아 소화를 돕고, 설사를 멈추게 하며,
오장을 튼튼하게 한다.

밥 5공기, 엿기름가루 3컵, 물 10컵, 설탕 1.5컵, 잣 2큰술

 360min　 302kcal　 10인분

Essential Tip

1. 엿기름은 보리 싹을 틔워 말린 것으로 구입하여 믹서에 갈아 사용하는 것이 가장 좋아요. 시중에서 가루를 잘못 사면 맛이 없어요.

2. 감주는 엿기름물을 가라앉히지 않고 그대로 조리해요. 그래서 맑은 색이 나지 않고 약간 검지만 맛은 더 구수하고, 밥알도 띄우지 않아요. 식혜를 끓일 때 너무 적게 끓이면 비린 냄새가 나면서 깊은 맛이 덜하고 또 너무 오래 졸이면 색이 예쁘지 않고 맛도 덜해요. 생강즙이나 유자청을 넣기도 하는데 본래의 구수한 맛과 시원한 맛이 떨어져요. 찹쌀로 할 때는 쌀을 불린 후 쪄서 조리하는 것이 좋아요.

1_ 큰 그릇에 물 5컵과 엿기름가루를 넣고 30분 후 뽀얀 물이 나오도록 여러 번 주무른다.

2_ 엿기름을 체에 밭친 후 남은 찌꺼기를 여러 번 치댄다. 치댄 찌꺼기에 남은 물을 부어 다시 주무르고, 체에 밭쳐 나오는 엿기름물은 처음 거른 물과 따로 둔다.

3_ 보온 통에 밥을 넣은 후 처음 거른 엿기름물 위에 맑은 물이 생기면 가만히 따라 붓고 밥이 잘 풀리도록 젓는다.

4_ 여기에 설탕 1/2컵을 넣고 설탕이 잘 녹도록 다시 저은 후 뚜껑을 닫고 5시간 정도 보온 밥솥에 둔다.

5_ 밥알이 하얗게 떠오르면 밥알을 1/2컵 정도 떠서 물에 씻어 설탕물을 제거한 후 따로 물에 담가 둔다.

6_ 설탕물을 제거하지 않은 밥알에 나중에 거른 엿기름물과 나머지 설탕을 넣고 섞은 후 30분 정도 끓인다.

7_ 비린 냄새가 나지 않고 단맛이 느껴지면 거품을 제거한 후 불을 끄고 식혀서 차가운 곳에 둔다.

8_ 그릇에 담아 낼 때 물에 담아 둔 밥알을 물기 없이 건져 넣고 손질한 잣을 3개 정도 띄운다.

첫 맛은 상큼하고 끝 맛은 씁쓸한 한 잔의 행복

유자차

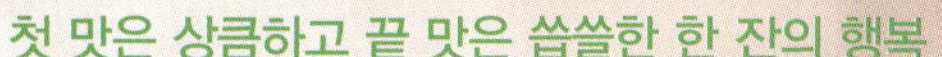

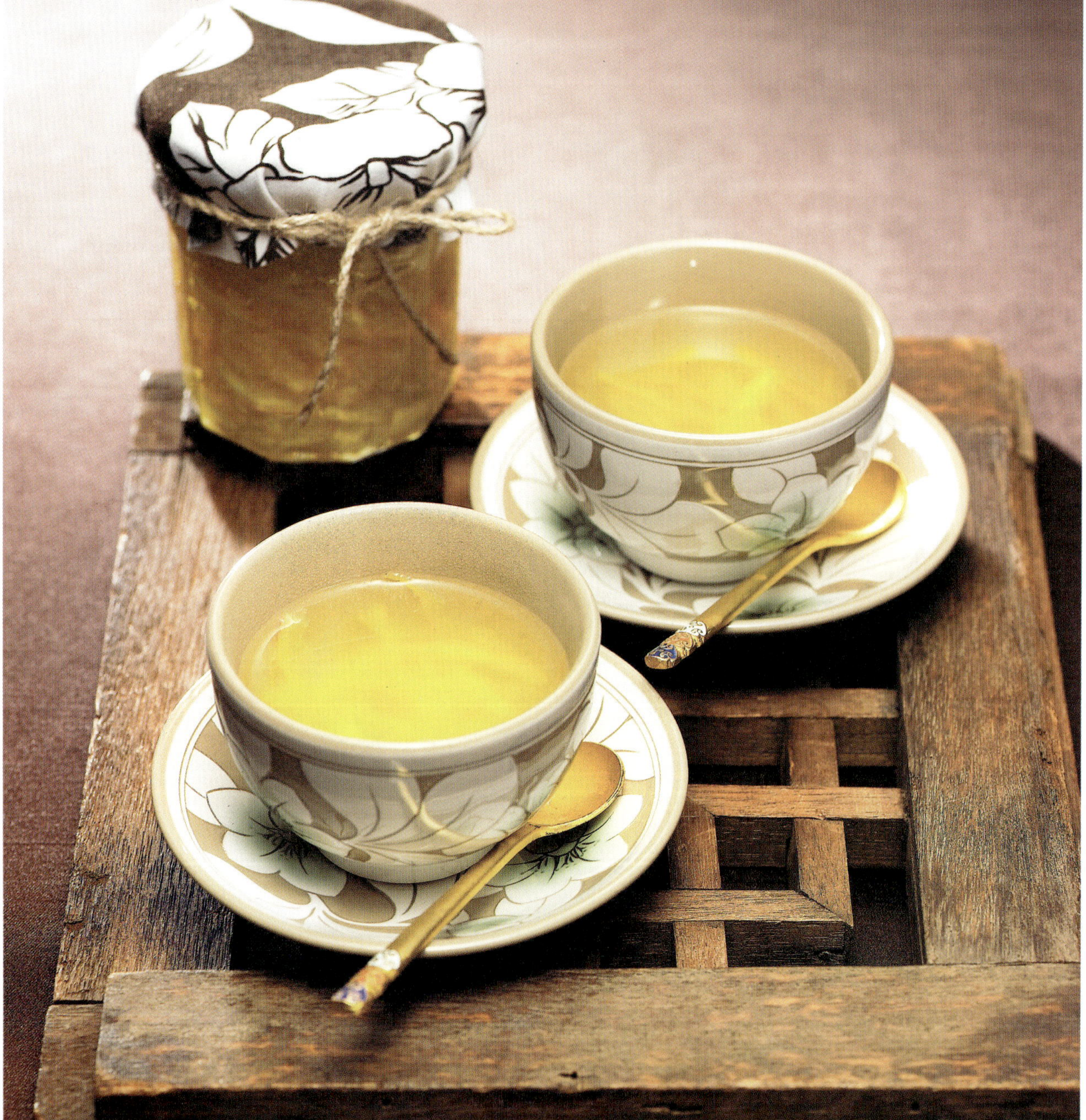

유자의 향은 껍질 부분의 방향성 정유 성분인 리모넨 때문으로 목의 염증을 없애고 기침을 완화시켜 준다. 또 쓴맛을 내는 성분은 리모노이드로 항암 효능이 있다고 한다. 유자의 유기산은 과피보다 과육에 더 많이 함유되어 있는데, 이러한 유기산들은 피로 회복, 식욕 증진에 효능이 있다.
비타민 C가 레몬보다 3배나 많이 있어 감기와 피부 미용에 좋고, 노화와 피로 방지의 효능이 있다.

유자 10개, 설탕 1kg

20min **110kcal** **40인분**

1_ 유자는 깨끗이 씻어 4등분 한 후 껍질을 벗긴다.

2_ 껍질만 모아 가늘게 채 썬다.

3_ 유자의 씨 주머니를 손으로 눌러 가며 씨를 뺀다.

4_ 씨를 제거한 씨 주머니를 한데 모아 채 썬 유자 껍질에 대고 꼭 짠다.

5_ 채 썬 유자 껍질에 분량의 설탕을 넣고 고루 섞어 하루 정도 놔둔다. 다음 날 살펴보아 설탕이 덜 녹았으면 다시 한 번 잘 섞는다.

6_ 유자청이 되어 수분이 많아졌으면 다시 한 번 고루 섞은 다음, 소독한 병에 넣고 마른 설탕을 유자가 보이지 않을 정도로 뿌린 후 공기가 들어가지 않게 봉하고 뚜껑을 닫는다.

7_ 컵에 유자청 1큰술을 넣고 끓는 물을 부은 후 저어서 마신다.

딸기화채

딸기는 봄철에 가장 먼저 나는 과일로
달콤한 향과 신맛이 입맛을 돋운다.
딸기는 비타민 C가 풍부하여 미백 효과와
주근깨 예방, 스트레스 해소에 도움이 된다.
또한 신장에 좋고 간을 보호하며
혈관계통의 질환과 노화를 예방한다고 한다.

딸기 400g, 물 3컵, 설탕 1컵, 잣 1큰술

30min　200kcal　5인분

1_ 딸기는 꼭지를 뗀다.

2_ 깨끗이 씻어 물기를 뺀다.

3_ 냄비에 분량의 물과 설탕을 넣고 끓인 후 차게 식힌다.

4_ 물기를 뺀 딸기 중 5개를 0.2cm 두께로 모양대로 길게 썬다.

5_ 나머지 딸기는 구멍이 약간 큰 체에 넣고 숟가락으로 으깨어 즙을 낸다.

6_ 딸기즙에 식힌 설탕물을 부어 잘 저은 후 찬 곳에 둔다.

7_ 차게 식힌 딸기즙을 그릇에 담고 썬 딸기를 모양 있게 띄운다. 잣을 손질하여 3알 정도 얹어 낸다.

아이와 어른 모두 좋아하는 건강한 달콤함
전통다과와 음료

복숭아화채

화채는 여름 음료로 오미자, 과일즙,
꿀물에 건더기나 꽃을 띄워 만든다.
국물을 위주로 마시고,
건더기는 급하게 마실 때 체하는 것을
막는 역할과 계절감을 살리며
영양도 보충하기 위해 넣는다.
복숭아는 맛이 시며 달고 따뜻한 성질이 있다.

복숭아 5개, 꿀 2큰술, 설탕 1큰술, 물 1컵, 잣 1작은술

Essential Tip

1. 복숭아는 모도(毛桃)와 유도(油桃)로 크게 나뉘는데, 모도는 살이 부드럽고 수분이 많으며, 유도는 단단하고 신맛이 강해요.
2. 복숭아 국물 대신 오미자 국물로 해도 좋아요. 복숭아는 빨리 갈변되므로 미리 만들지 말고 갈아서 바로 걸러 마시는 것이 좋아요.

 30min  184kcal  4인분

1_ 복숭아는 털을 깨끗이 씻은 후 껍질을 벗긴다.

2_ 1개의 복숭아를 얇게 썰어 원하는 모양틀로 찍어 설탕을 뿌려 재어 둔다.

3_ 모양틀을 찍고 남은 부스러기와 복숭아 4개는 믹서에 넣고 물을 부어 간다.

4_ 믹서에 간 복숭아를 체로 거른다.

5_ 체로 거른 복숭아 국물에 꿀을 탄다.

6_ 복숭아 국물을 그릇에 담고 설탕에 잰 복숭아와 잣을 띄워 낸다.

아이와 어른 모두 좋아하는 건강한 달콤함
전통다과와 음료

수박칵테일

수박은 갈증을 풀어 주는 대표 과일로, 전 세계에서 즐겨 먹는다.
수박에는 시트룰린이라는 특수 성분이 있어 소변으로 배출되는
과정을 도와 주기 때문에 이뇨제로서의 특효가 있다.
수박은 맛이 달고 기를 내리며 소독 효과가 있고,
여름철에 열을 내려 주기도 한다.

제철 과일인 수박으로 시원하게 즐기는 술 한 잔
수박칵테일

20min **140kcal** **20인분**

1_ 수박의 꼭지 부분을 자른다.

2_ 수박 살을 1/3 정도 퍼서 덜어낸다.

3_ 나머지는 숟가락으로 긁듯이 바닥의 흰 살이 보일 때까지 판다.

4_ 덜어 놓은 수박을 다시 넣고 소주를 붓는다.

5_ 꿀을 넣고 잘 섞는다.

6_ 얼음을 넣어 잠시 시원해질 때까지 기다린 후 넓은 술잔에 수박과 얼음을 함께 담고 마신다.

아이와 어른 모두 좋아하는 건강한 달콤함
전통다과와 음료

오디술

오디는 뽕나무 열매로, 자주색을 띤
검은색이다. 익으면 수분이 많아지고,
당분이 들어 있어 새콤달콤한 맛이 난다.
강장제로 알려져 있으며 간장과 신장,
당뇨병에 특히 좋다. 오디술은 약용주로,
예로부터 백발을 검게 하고 늙지 않게
한다고 알려져 있다.

오디 600g, 과일주용 소주 5컵, 꿀 400g, 레몬 1개

30min　**2870kcal**　**3인분**

1_ 오디는 물로 씻으면 단맛과 열량이 손실되므로, 젖은 면포로 깨끗이 닦는다.

2_ 유리병을 깨끗이 씻어 물기를 없애고 손질한 오디를 넣는다.

3_ 과일주용 소주에 꿀을 타서 고루 섞는다.

4_ 오디를 담은 병에 꿀을 탄 소주를 붓는다.

5_ 레몬은 껍질을 벗긴 후 8등분 한다.

6_ 레몬을 병에 넣고 뚜껑을 닫아 서늘한 곳에서 2~3개월 정도 숙성시킨 후 거른다. 걸러서 맛을 보아 당도가 약하면 꿀을 더 넣어서 잘 섞은 후 다시 병에 넣고 한 달간 숙성시켜 먹으면 좋다.

때로는 술도 자양강장제가 된다

복분자술

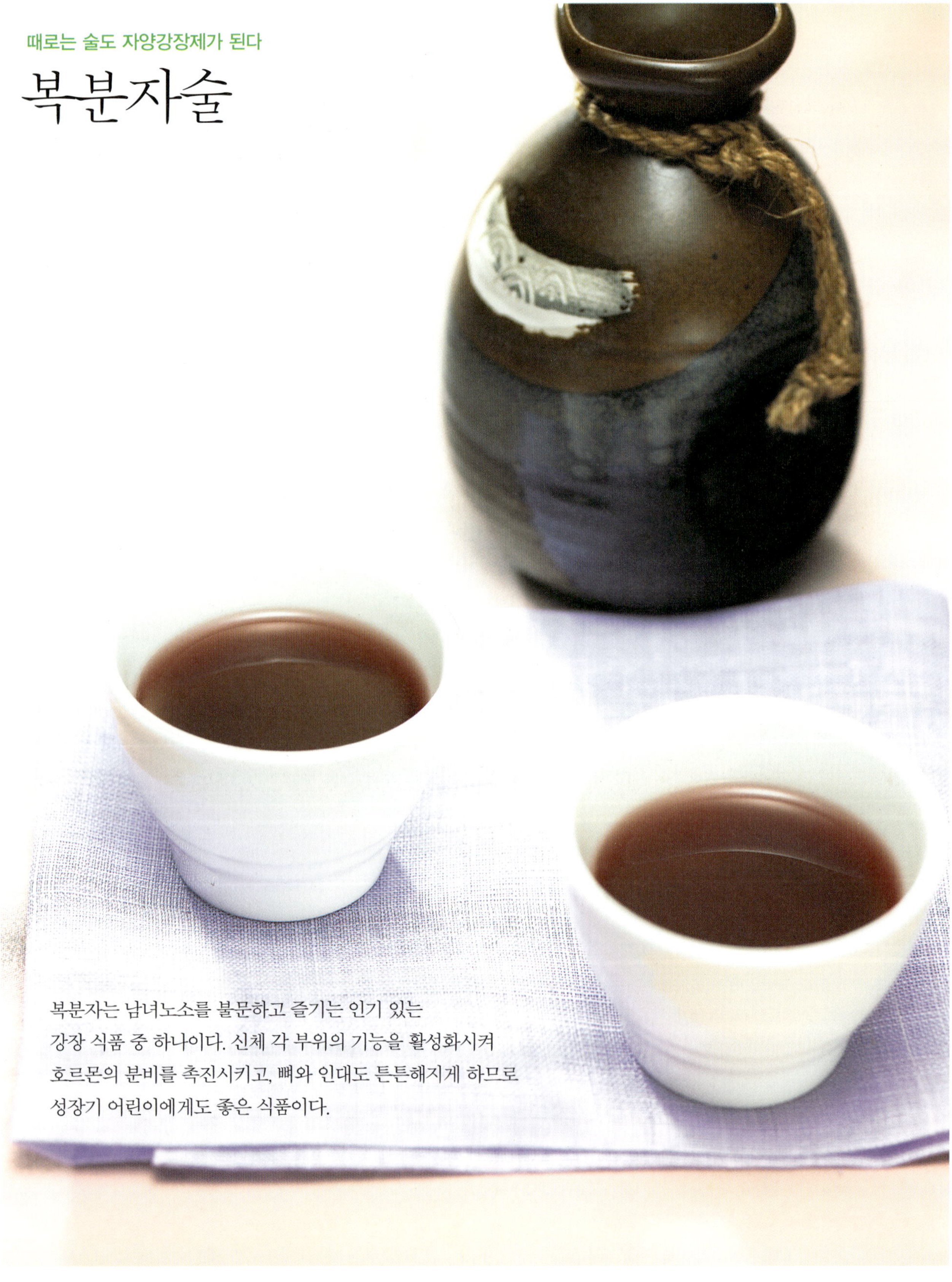

복분자는 남녀노소를 불문하고 즐기는 인기 있는 강장 식품 중 하나이다. 신체 각 부위의 기능을 활성화시켜 호르몬의 분비를 촉진시키고, 뼈와 인대도 튼튼해지게 하므로 성장기 어린이에게도 좋은 식품이다.

재료

복분자 500g, 꿀 1/2컵, 소주(21°짜리) 7.5컵

 15min
 126kcal
 20인분

1_ 복분자는 물에 살살 굴려 가며 한 번만 재빨리 씻는다.

2_ 씻은 복분자를 건져 물기를 말끔히 제거한다.

3_ 복분자를 넓은 그릇에 넣고 꿀로 버무린다.

4_ 꿀에 버무린 복분자를 준비한 병에 담고 잠시 두면 꿀이 녹으면서 즙이 나온다.

5_ 소주를 붓고, 그늘지고 서늘한 곳에 100일을 두어 발효시킨다.

6_ 발효된 술은 면포로 걸러 소독한 병에 담아 두고 마신다.

아이와 어른 모두 좋아하는 건강한 달콤함
전통다과와 음료

속성탁주

우리나라에서 가장 오래된 술로, 재주(齋酒) 또는
회주(火酒)라고 한다. 예전에는 가정마다 술을 빚는 비법이 있어
그 맛이 다양했다. 좋은 탁주는 적당한 감칠맛이 나며 청량미가 있는 것이 좋다.

멥쌀 1kg, 누룩 130g, 청주 1/2컵(100g), 물 2.5컵

60min　176kcal　10인분

1_ 멥쌀은 깨끗이 씻어 물에 12시간 정도 불린 후 방앗간에서 가루로 만든다. 쌀가루는 체에 한 번 내려 입자를 고르게 한다.

2_ 시루에 면포를 깔고 쌀가루를 넣어 위가 평평하도록 고루 편 후 뚜껑을 덮고 김이 오르는 찜통에서 20분간 찐다.

3_ 쪄낸 백설기에 누룩, 청주, 물을 섞어 치댄다.

4_ 독에 꼭꼭 눌러 담고 독 안의 온도를 30℃로 유지하기 위해 두꺼운 담요나 이불로 덮어 둔다.

5_ 하루 이상이 지나면 체에 밭쳐 거른다.

6_ 거른 탁주에 물을 부어 입맛에 맞게 농도를 맞춘다.

우리 가족
식객 요리

1판 1쇄 발행 2015. 9. 3.
1판 2쇄 발행 2022. 6. 20.

지은이 허영만과 식객 요리팀

발행인 고세규
발행처 김영사
등록 1979년 5월 17일(제406-2003-036호)
주소 경기도 파주시 문발로 197(문발동) 우편번호 10881
전화 마케팅부 031)955-3100, 편집부 031)955-3200 | 팩스 031)955-3111

이 책은 저작권법에 의해 보호를 받는 저작물이므로
저자와 출판사의 허락 없이 내용의 일부를 인용하거나 발췌하는 것을 금합니다.

값은 뒤표지에 있습니다.
ISBN 978-89-349-7203-7 13590

홈페이지 www.gimmyoung.com   블로그 blog.naver.com/gybook
인스타그램 instagram.com/gimmyoung   이메일 bestbook@gimmyoung.com

좋은 독자가 좋은 책을 만듭니다.
김영사는 독자 여러분의 의견에 항상 귀 기울이고 있습니다.